高等院校艺术设计类系列教材

手绘设计表现
（微课版）

郑　峰　韩文芳　余　鲁　编著

清华大学出版社
北京

内 容 简 介

手绘设计表现是艺术设计的基础课程，通过课程训练，使学生能够掌握手绘的基本技法和设计表现的创作规律，形象地展现室内空间、景观设计的创意与设计构思，为后续专业课程的学习奠定牢固的基础。

本书从手绘基础知识开始，通过大量的图片与文字说明，从室内设计和景观设计两个方面入手，讲解线稿及上色的基础知识，并结合快题设计案例进行设计分析。本书内容紧凑、全面，融汇了作者多年的一线教学经验和心得体会，由浅入深、循序渐进，旨在帮助读者快速提升手绘表现和设计构思能力，为实际工作和操作提供技术积累。

本书既可作为高校环境设计、园林景观设计、建筑专业的教学用书，也可作为相关培训机构的参考教材。

图书在版编目（CIP）数据

手绘设计表现：微课版/郑峰，韩文芳，余鲁编著.—北京：清华大学出版社，2024.1

高等院校艺术设计类系列教材

ISBN 978-7-302-65252-6

Ⅰ.①手…　Ⅱ.①郑…②韩…③余…　Ⅲ.①产品设计—绘画技法—高等学校—教材　Ⅳ.①TB472

中国国家版本馆CIP数据核字(2024)第034622号

责任编辑：孟　攀
封面设计：杨玉兰
责任校对：徐彩虹
责任印制：宋　林

出版发行：清华大学出版社

　　　　　　网　　　址：https://www.tup.com.cn, https://www.wqxuetang.com
　　　　　　地　　　址：北京清华大学学研大厦A座　　　　　　邮　　编：100084
　　　　　　社 总 机：010-83470000　　　　　　　　　　　　邮　　购：010-62786544
　　　　　　投稿与读者服务：010-62776969, c-service@tup.tsinghua.edu.cn
　　　　　　质量反馈：010-62772015, zhiliang@tup.tsinghua.edu.cn
　　　　　　课件下载：https://www.tup.com.cn, 010-62791865

印 装 者：三河市龙大印装有限公司

经　　销：全国新华书店

开　　本：190mm×260mm　　　印　　张：16.75　　　字　　数：402千字

版　　次：2024年3月第1版　　　印　　次：2024年3月第1次印刷

定　　价：69.00 元

产品编号：099147-01

Preface 前 言

对于每一位设计师而言，手绘设计表达是需要熟练掌握的一项基本技能，是表达设计理念、呈现设计方案最便捷的视像形式，也是设计师的基础训练科目。

手绘设计表现也叫手绘设计草图、手绘设计快题表现等，是通过徒手绘画或辅以尺规工具进行的设计表达。它具有设计制图与绘画双重的特征，这就使其具有了独特的艺术审美价值和感染力，并能从中体现设计师的文化底蕴与修养，这种艺术感染力是机械的电脑制图所无法表达的。所以，手绘设计表现图纸是设计师表达设计思想和传递设计语言最直接有效的手段，也是设计创意的呈现。

学业之法，在于"勤、观、思"。首先，"勤"是成就事业的根本因素，还要善于"观察"和"思考"；其次，还要有恒心，有毅力。"骐骥一跃，不能十步；驽马十驾，功在不舍"，任何技能的养成，均需不断地练习。

手绘设计表达能力扎实的设计师是设计公司苦苦寻觅的人才，这是因为扎实的绘画技能代表着设计师的技术水平和艺术修养；没有它，即使有合理的设计构思，也只能"溺死"在不能言语的空间。而这点从电脑效果图上难以体现出来，虽然，电脑效果图的效果更加真实和精细，可是，设计师想要表达设计理念、传递艺术感染力，手绘设计表现无疑是理想的方式。

环境美是国泰民安的体现，随着人们生活水平的提升，环境设计意识也在逐年提升。优雅的环境与民众的生活质量、幸福感息息相关，具有艺术美的环境能够提升一个城市的形象，提升人民的自豪感。充分掌握手绘设计表现技能的设计师们可以在设计领域发挥一技之长，为生活增光添彩。

1. 本书特色

本书的主要特色如下。

1）章节概述

每章都有一段精练的概述，概括该章的主要内容。

2）章节导言

每章都有一个导言，它列出了该章的主要观点。

3）本章要点

每章的最后，都列出了一个要点，包括简要的章节总结和有益的评论，让学生清楚了解本章所学的内容。

4）课程思政设计

每章的最后，对该章涵盖的课程思政内容进行融入设计，拓展以美育人的深度和广度，提升学生的文化认同感，使学生树立正确的人生观和价值观。

本书的目标是指导学生使用手绘设计表现实现空间环境的创意表达；同时，从精神、品格等方面融入美学，围绕立德树人的根本任务，从中国传统育人思想入手，采用历史分析的视角，力图厘清课程思政与智育目标、德育目标及显性与隐性的关系，阐释课程思政教育理念的当代价值，使学生身心得到净化与提高。

5）复习和练习

通过复习和练习，检验学生对该章知识点的理解程度。

2. 本书内容及作者

本书为 2022 年重庆市高等教育教学改革项目（一般项目）："基于虚拟仿真实验的大数据管理与艺术设计实践类课程教学研究"（项目编号：223304）的阶段性研究成果。

本书共分为 10 章，主要内容包括：手绘设计表现概述；手绘设计表现基础；手绘设计表现的透视与构图；手绘设计室内空间线稿表现；手绘设计景观空间表现；手绘设计表现上色基础；手绘设计表现室内空间上色技法；手绘设计表现景观空间上色技法；手绘设计表现之快题设计；手绘设计表现之写生创作表现。

本书共分为10章，具体编写分工如下：韩文芳负责第1章至第3章的编写，郑峰负责第4章至第10章的编写，全书由郑峰负责统稿。

本书中难免有错误与不足之处，还望广大读者批评指正。

编　者

Contents 目 录

第1章

手绘设计表现概述

章节概述

　　手绘设计表现作为一项设计方案思维与表达的基础训练，是从思维到作品的设计过程，也是从手绘构思到设计实践的升华。手绘设计表现可看作是设计师自身思想的交叉和融合，它可以快速记录设计信息，如同诗人用文字记录情感一样，设计师用图纸表现自己的思想。

1.1 手绘设计表现简介

1.1.1 手绘设计表现的概念

　　手绘设计表现是学习和从事设计专业，例如建筑设计、园林景观设计、室内设计、服装设计、视觉传达设计、工业产品设计等的一门重要的基础必修课程。它是设计表达的一种重要形式，是设计的最初阶段，也是设计的过程阶段；是设计的初步构思，也是实践的升华过程，运用手绘这种表现形式可以快速地将设计过程记录下来。

　　手绘设计表现包括了空间形态的概念图解、具象环境样貌的速写、空间功能布局的分割，还包括了手绘元素的表达，设计方案中平面图、立面图、效果图的快题设计呈现过程（见图1-1）。自己的设计思想和理念高效、高质量地实现，使自己的设计构思变成现实，对于每个设计师来说都是非常值得庆幸的。

　　手绘设计表现是当今社会设计师必备的一项基本技能，手绘设计的训练对于一个未来的专业设计师而言是非常必要的。手绘设计表现的学习和掌握需要一个过程：从收集素材到元素抄绘，从主题提炼再到设计方案呈现，这是一个循序渐进的过程；从手绘基础训练到优秀设计效果图的表达，是手绘设计能力逐步提升的过程；手绘能力的训练有助于加强设计师对空间的想象力与对效果的感受力，是不断提升手绘造型能力和审美素质的过程；从手绘设计概念草图到最终设计方案的确定、实施，是培养学生设计思维的过程。

图1-1　传统民居的手绘表现1（郑峰绘）

手绘设计表现作为一项造型、设计的基础训练，对于学生的学习有着重要的实践意义。

（1）它能够培养大家敏锐的观察力和快速的手绘表现能力。

（2）它能更好地帮助理解室内、景观等空间的组织形式及相关尺度。

（3）便于运用这种表现形式收集必要的设计资料，储备丰富的造型与形式信息。

1.1.2　手绘设计表现的作用

手绘设计表现是以钢笔、针管笔、美工笔等工具结合墨水、马克笔、水彩作画的，简单便捷、表现力强、视觉效果独特是其独特的优势；手绘设计表现具有很强的实用性，具有快速、直观、可读性强的特点；在工具的使用上也是种类多样，便捷的工具及材料使我们能够事半功倍。

手绘设计表现的独特魅力，在很大程度上取决于线条的魅力。手绘线条具有简单便捷、轮廓清晰、效果强烈、笔法劲挺秀美的特点。手绘的线条和素描的笔触有着共同之处，但又有着各自独特的表现手法，它能够自由地表达作者的构思创意，能清晰准确地表现物体的形体空间和光影质感等，可以说，线条既是骨架，也是设计的呈现形式，它为设计方案的着色和确立打下了必要的基础；当然，也可以将线条形式作为独立的艺术表现形式，就如同中国传统线描表现形式。图 1-2 所示为传统民居的手绘表现。

图1-2　传统民居的手绘表现2（郑峰绘）

我们研究手绘设计表现的目的，不单单是单纯的手绘描绘，而是采用这种表现形式诠释设计意图。它是设计师揭示自己设计思想的一种体现，有助于捕捉创作素材、记录设计灵感、表达设计思路以及快速绘制；通过对现实世界的概括、提炼，最大限度地表达设计者对于客观世界的观察、体会和改造，捕捉客观世界最本质、最具有艺术设计感染力的画面。

我们在进行手绘设计创作时，出发点要明确。所谓的出发点，就是手绘设计的目的；它可以用于训练，提高造型能力；可以作为其他画种前期的辅助训练；可以用于构图练习和透视训练；也可以完成对方案的诠释和解读；同时，也是对设计任务书中密码的解码过程。当然，手绘表现作品也可以是具有独立意义的作品，其本身可以没有任何附属意义，是独立的、目的明确的艺术表现形式。

所以，手绘表现是每一位设计师需要掌握的专业技法。手绘表现的及时生动是计算机辅助设计不能替代的，它能在短时间内向观者呈现自己的设计理念，使设计师与业主的沟通更加顺畅。

1.1.3 手绘设计表现的特点与优势

手绘设计表现是运用手绘的方式，将设计与表现融为一体的手绘技法。与电脑制图相比，它效率高，表现力强，能随时记录和表达设计师的灵感，是设计师艺术素养和表现技巧的综合能力体现。手绘设计表现对于从事建筑设计、室内空间设计、景观规划设计的专业人员来说尤为重要，同时，也是与客户沟通的重要桥梁。

好的手绘设计表现作品或设计方案为了得到客户的认可、把设计变成现实，不能像纯绘画艺术作品那样毫无边际地夸张与想象，它要兼备实用性与艺术性。在手绘表现的过程中要注意造型的设计特点、色彩的搭配、整体比例的统一、疏与密的处理、虚与实的搭配等，要真实地表现物体的本身属性，还要尽可能还原物体的光感及阴影关系等。画者或设计者要有较好的绘画基础，在此基础上，通过学习科学的透视方法和表达技法，才能准确和生动地表达自己的构思和思想，当然，方式和技法是必要的条件。

1.2 手绘设计表现形式

手绘设计表现作品可以运用一种或者多种技法表达形式，根据工具和材料属性的不同，大致可以分为以下表现形式：线描、黑白灰（明暗）、马克笔、水彩、数字化等，当然，随着社会科学信息技术的不断发展，新的工具、材料和表现形式也必会不断涌现。

1.2.1 线描表现形式

中国历来重视对"线"的研究，线一直是中国传统绘画的主要表现形式。画者要根据所要描绘景物的结构、形体、环境关系等，运用线描的形式加以塑造；它不受光影的制约，能够通过线条来表现景物的形态、质感、层次和空间。图1-3所示为小雁塔的线描表现。

无论使用什么样的工具表现，如钢笔、毛笔等，都要有起笔、运笔、收笔的过程；线条要注意把握节奏感，要寻找曲与直、快与慢、粗与细、停顿与转折的线条关系。

线描这种形式主要运用线条的穿插与组织来表现主题，看似简单，实则最为复杂。一般拿笔直接勾勒，一笔一线，都是主观而发，这就要求我们要懂得控制画面，在线条的游走与停顿之间形成画面。线条要根据画面的需要，随时停笔，这就让画面有了无尽的画境。图1-4、图1-5所示分别为徽派建筑和乡村民居的线描表现。

图1-3 小雁塔的线描表现（郑峰绘）

图1-4　徽派建筑的线描表现（郑峰绘）　　　　图1-5　乡村民居的线描表现（郑峰绘）

1.2.2　黑白灰（明暗）表现形式

手绘设计表现的黑白灰画法，也就是运用明暗、光影的表现技法。不同于线描的绘制方式，它不再强调"线"的运用和组合，更注重的是表现形体空间的面和光影的效果。运用黑白灰的表现形式，画面的光影变化更加自然，明暗过渡也更细腻，所表达的景物更富有层次感和光的视像感。图1-6所示为游山街角的黑白灰表现。

图1-6　游山街角的黑白灰表现（郑峰绘）

手绘设计表现的概念已经不仅仅局限在钢笔、签字笔上，已经拓展到更宽的领域，马克笔、水彩等材料都可以加以运用；只要不断地探索和尝试新材料、新方法，就会发掘出新的工具、新材料的表现力，这为手绘设计表现提供了更多的可能性，使设计表现的语言更加多样和丰富。

手绘设计表现一般采用钢笔结合马克笔等材料。钢笔可以勾勒轮廓，确定结构；黑色马克笔可以铺设灰调，磨砂黑的效果很容易形成光影的效果，增强了画面的层次；有时还会用到白色提白笔，白色附着于黑色马克笔上，通过提白增加细节，使得画面更有变化。这种笔触的合理组织，能够表现物体的光影和空间层次，合理的黑白灰处理会使画面更具视觉的冲击力和表现力。图1-7所示为西递老街的黑白灰表现。

图1-7　西递老街的黑白灰表现（郑峰绘）

1.2.3　马克笔表现形式

马克笔表现是现在最常见、最有效的快速上色技法，掌握其正确的绘制步骤是非常重要的。马克笔无疑是一种理想的手绘设计表现上色工具，它无须费时的准备和清洗工作，是现成的上色材料，打开即可作画；马克笔的颜色丰富，且可以预知效果（根据马克笔的色谱选择适合的色彩）。图1-8所示为乡村民宿的马克笔表现。

图1-8　乡村民宿的马克笔表现（郑峰绘）

这也意味着，一旦你以一定的程序渲染特定的设计图纸时，你就可以一次次地重复这一程序，从而获得相似的效果，一旦这次成功了，你再遇到此类问题也就可以迎刃而解了。

　　叠色是马克笔技法中最常用的方法，而且是一种必需的手法。因为色彩的过渡、饱和度的体现、明暗的过渡等都很难一次性完成，尤其有些色彩需要叠加才能表达出来，而运用马克笔的叠色画法就能够快速地完成上色。图 1-9 所示为园林环境的马克笔表现。

图1-9　园林环境的马克笔表现（郑峰绘）

　　线稿的墨线能够适当地补充马克笔效果的不足，它帮助马克笔克服了最主要的弱点——无法限定和保持清晰的边缘，因此，可以在绘出清楚的底图后再完成上色过程。图 1-10 所示为室外空间的马克笔表现。

图1-10　室外空间的马克笔表现（郑峰绘）

1.2.4　水彩表现形式

　　水彩画已有三百多年的发展历程，它具有独特的艺术魅力和审美价值。水彩画纸、透明颜料（或半透明颜料）和水的组合，共同构成了水彩画的基本类型特点，决定了水彩画的视觉面貌特征。以水为媒介，调和透明颜料，在吸水性较强的白色水彩纸上作画，充分利用水和颜料相互渗化、交融的特点，加上画纸的纹理和白底的反衬以及特有的技法，表现出透明、轻快、滋润、流畅的视觉韵味，具有独特的视觉感染力，产生独特的、不可替代的特殊效果。图1-11所示为徽派民居的水彩表现。

图1-11　徽派民居的水彩表现（郑峰绘）

　　透明度高的颜色可以后来加上，若需要减弱前一次的色彩，可用透明度低的颜色替代透明度高的色彩。在渲染的时候要注意绘图的严谨性，可以依靠线稿的底线进行上色。图1-12、图1-13所示分别为花卉和植物的水彩表现。

图1-12　花卉的水彩表现（郑峰绘）

图1-13　植物的水彩表现（郑峰绘）

1.2.5 数字化表现形式

在现代化高速发展的今天，设计学不仅成为艺术学派中具有商业价值的学科之一，而且从学派艺术中脱离出来，开始慢慢讲究效率和方法。现在人们在设计创作的过程中掌握的方法和手段越来越多元化，数字化成为一种新的表现手段。

从项目的设计思想开始创意，运用数字化工具进行描绘，运用软件中的选择透视导向功能，可以更轻松、更准确地绘制手绘设计图，让设计者在方案前期节省更多的时间与效果图成本。数字化手绘设计表现，不用尺子慢慢描绘；不用建模，不必长时间地费力渲染；灯光、材质等可以直接表现出效果。它更快速、更便捷，很快便能够绘出真实级别的手绘设计表现图。图1-14所示为数字化工具数位板的表现示例。

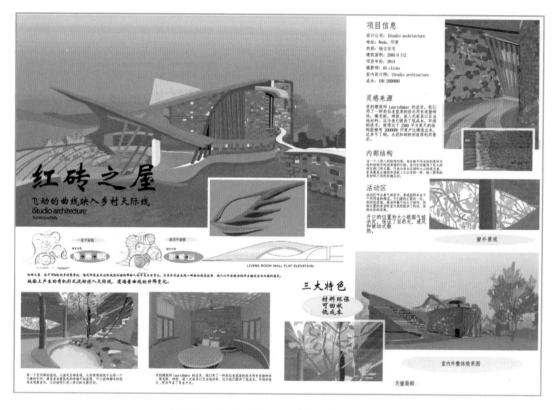

图1-14 数位板的表现示例1（韩文芳绘）

数字化表现一般采用平板电脑、数位板和绘图软件等进行手绘设计表现，它们借助计算机辅助设备与技术，通常用于绘画、设计等方面的工作，如同画家的画板和画笔，设计师通过这种形式表达自己的设计思想和效果。目前数字化技术广泛应用于设计、美术相关专业，常用的软件有 Procreate、Photoshop 等。图1-15、图1-16所示为两个数位板的表现示例。

里拉剧院户外公共空间

独特式的顾覆式广场，携附着多功能地下室，为市民们提供了丰富多元的活动空间。建筑的主体结构犹如取景框，变化着一年四季的周遭景致。建筑的主材料采用了一贯的耐候钢，包括横跨新老城区的步行桥，看似包裹着整个空间，实则呈现出更多的空间延续性与丰富感。剧院旧址上的覆顶式广场俨然成为了一个来去自如的城市舞台和集会地点。

La Vila 小领初体验

建筑师带领参观讲解La Vila，以及当地火山地貌景观，研习建筑Bathing Pavillion冰馆

Ba:beri 实验空间

拉奥尔·阿兰达、卡莫·皮格姆和拉蒙·比拉尔塔共享的工作空间是一个图书馆，中间有一个大桌子，正适合三人长时间的讨论交流。"让梦想成真：探索一个地方，可以在这里展开梦想、开会讨论、交流、禅修、冥想，有花园，有历史，还有生活的气息。创造：建筑与景观。分享：为了自己和他人……一个我们安静工作的方。

注：以上部分图文来自网络，版权归原作者所有，如有侵权，请及时告知，我们将妥善处理。

图1-15　数位板的表现示例2（韩文芳绘）

图1-16　数位板的表现示例3（韩文芳绘）

本章小结

一、本章要点

1. 手绘设计表现的作用

2. 手绘设计表现的特点及优势

3. 手绘设计表现的形式

（1）线描表现。

（2）黑白灰表现。

（3）马克笔表现。

（4）水彩表现。

（5）数字化表现。

二、课程思政设计

我国传统文化的核心思想是天人合一、道法自然。传统文化思想在当今仍然具有先进性，而这些德育元素与艺术设计理念有着紧密的内在联系，手绘设计表现正是为艺术创作服务的表现性工具。

艺术设计在当今呈现出多元文化的风格，但在我国的发展也存在着一些问题。例如，受西方艺术风格的影响，而漠视我国传统文化思想；注重外在、夸张的表现形式，而忽略设计的内涵建设；"以丑为美""追求怪异"的设计成果时有呈现。手绘设计表现是艺术设计的前期基础课程，它对于培养学生的艺术审美，树立正确的美学思想具有重要的理论及实践意义。

三、复习和练习

明确手绘设计表现的作用、特点及优势，熟悉和掌握手绘设计表现的不同表现形式。

寻找各种手绘表现形式类型的相关案例并进行分组讨论，讨论各类型表现形式的优势及未来表现形式的发展趋势。

第2章

手绘设计表现基础

 章节概述

"工欲善其事，必先利其器"，工具直接影响着画面的效果，它不在于贵贱，而在于得心应手。本章重点介绍手绘设计表现的线条运用、体块表达、光影表现及上色材料工具，它们既是构成空间结构的表现形式，也能够自由地表达设计者的构思创意，为设计的展开奠定良好的基础，使我们事半功倍。

2.1 手绘设计表现基础工具

线稿阶段，铅笔、橡皮、平行尺、绘图笔、黑色马克笔等都是必备的手绘表现工具，设计图纸上色主要使用马克笔、彩铅和水彩等材料，这些工具在手绘设计表现过程中可以方便、快捷地传递、表达设计的内涵信息。因此，选择适合自己、适合不同空间环境表达的工具是一件重要的工作。图 2-1 所示为几种手绘设计用笔。

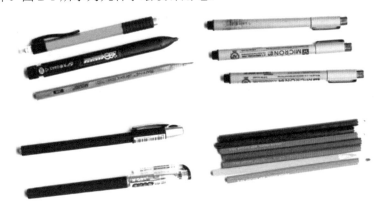

图2-1　手绘设计用笔

2.1.1　绘图笔类

1. 铅笔

铅笔是最为常用的手绘表现工具。铅笔的特点是润滑流畅，适合以线条和明暗表现对象，且层次变化丰富，画面灵活生动；此外，画面容易修改，适合初学者练习和设计草图表现。铅笔一般用于草稿阶段的表达或概念图表现，是手绘设计表现理想的草图类绘制工具及上色工具。

2. 钢笔（美工笔）

钢笔笔尖坚硬，能画出挺拔有力、富于弹性的线条，通过排列、组合、对比能够产生丰富的色调关系，表现形式既简洁又生动。

美工笔是钢笔的一种特殊笔尖类型，它笔尖弯曲而富有弹性，笔触变化丰富，既可表现

出粗细变化不同的线条，又可点、可面，呈现出不同的画面效果。

3. 针管笔

针管笔是手绘设计制图的基本工具之一，根据线型的设计规范要求，绘制出均匀一致的线条。根据线型的功能，可选择不同粗、细型号的笔尖进行绘制，粗笔尖大小一般为 $0.5 \sim 0.8$ mm，细笔尖一般为 $0.2 \sim 0.3$ mm。设计绘制的过程中，建议至少有三支不同粗细笔尖的针管笔，以满足不同的场地及标注要求。

4. 草图笔

常用草图笔为签字笔或中性笔，这类笔适合绘制硬朗、变化的线条，粗细可控，多用于线稿的表现，是理想的快速表达工具。可选择的品牌为白雪、派通等。

5. 高光笔

高光笔一般用于画面的高光及反光部分，可准备白色油漆笔和提白笔各一支，用于画面的提白和画面补充。常用的品牌有三菱、樱花等。图2-2所示为手绘用高光笔。

图2-2　手绘用高光笔

2.1.2　纸张类

1. 复印纸

刚开始练习的时候可以选择复印纸。复印纸纹理细致、价格合理、易于凸显线条的质感，多用于草图练习或是场景表现，但上色时纸张容易渗色，不建议使用。

我们最为常用的纸张大小为 A4、A3、A2 等。

2. 马克笔专用纸

马克笔上色时一般选用较为耐用的纸，如马克笔专用纸，它相对较厚，不易渗色，用马克笔画出的图样颜色饱和度高，不易变色。图2-3所示为马克笔专用纸（本）。

3. 拷贝纸

一般选用硫酸纸进行拷贝使用。硫酸纸，又称制版硫酸转印纸，具有纸质纯净、强度高、透明好、不变形、耐晒、

图2-3　马克笔专用纸（本）

耐高温、抗老化等特点，广泛适用于手工描绘、描摹记录、草图拷贝等，尤其在方案构思时使用较多。马克笔在拷贝纸上上色后颜色暗淡，颜色需要经过实验和选择。

4. 绘图纸

绘图纸是一种质地较厚的绘图专用纸张，表面比较光滑平整，也是手绘设计工作中常用的纸张类型。最为常用的绘图纸纸张大小为A1、A2、A3等。

5. 水彩纸

水彩上色时选用专业水彩纸。这种纸一般会选用棉浆纸，其吸水性比较好，磅数较厚，纸面的纤维较多。它不仅适合水彩的专业表现，也同样适合配合黑白渲染、透明水色表现及马克笔的表现。可选择的品牌有康颂、阿诗、获多福等专业水彩纸或水彩本。

2.1.3 尺规类

手绘用的尺子参见图2-4。

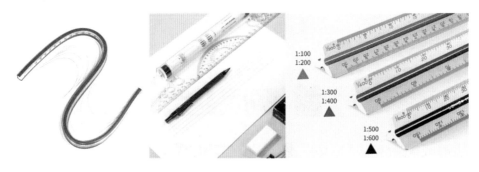

图2-4 手绘用的尺子

1. 平行尺

平行尺是画平行线的直尺工具，对边分别是动尺和静尺，在移动操作时，一只手用力压住静尺，另一只手推动动尺，平行移动，直至所要求的位置，就可以画出符合要求的平行线。

平行尺用法简单，操作方便，适合快速平行线、透视线的表现；此外，直尺部分还有刻度、预制圆等辅助工具，便于设计的表现。

2. 比例尺

比例尺是表示图上一条线段的长度与地面相应线段的实际长度之比，它是精确绘制的必备比例工具。室内设计方案表现一般选用小比例尺，景观设计方案的表达较多选用大比例尺进行图纸的绘制。

3. 曲线尺

曲线尺也称云形尺，是一种在机械绘图中绘制曲线用的透明塑料软尺。它可以弯曲成所需要的曲线形式，但它不像可调曲尺那样能保持在原来的位置，除非它上面备有一些特别设计的铅质压铁钩在尺身的凹槽上，这样它的重量能把尺子压在纸上不动。

2.2 手绘设计表现线条基础

刚开始进行手绘练习时，应注意基本的绘画方式和技法，特别是握笔姿态。

（1）绘制直线的时候，手腕不可以活动，要依靠手臂运动来完成。用大臂的摆动带动小臂的运动来绘制长直线；较短的直线可以用手指、手腕的运动完成；画曲线时，可以用手腕的运动来完成。

（2）笔杆与画纸要尽量成 60°～90° 的角度，这样的握笔角度是为了能够更好地观察和绘制线条。

（3）握笔时手指要尽量靠上，这样容易更好地控制和掌握线条。

1. 手绘表现的线条基础

（1）线条要有起笔、收笔，要有始有终。

（2）注意线条的节奏（见图 2-5）：慢—快—慢
　　　　　　　　　　　　　　重—轻—重

线条要有生命力、灵活性、力量感。

（3）运笔速度要有控制。运笔讲究连贯性、韵律感，有些地方笔墨虽然断开了，但笔意还在。

（4）线条要肯定、自信，不要犹豫，胸有成竹时再开始运笔。

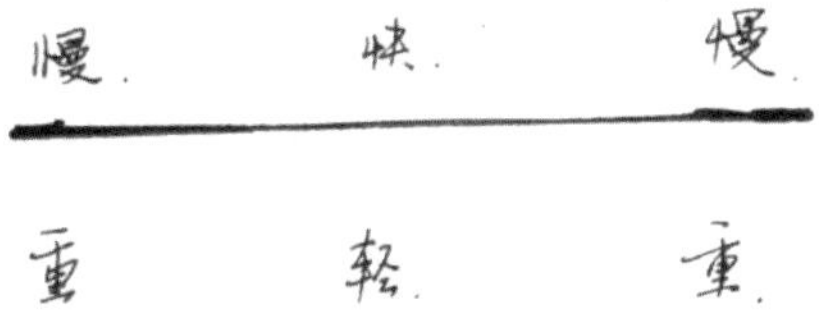

图2-5 线条的节奏

（5）运笔速度要有控制，快慢得当。

快线：平直、坚挺、结实，适合表现结构明确、转折清晰的现代建筑（见图 2-6）。

慢线：相对于快线更加可控，线条虽不那么平直，但更富有变化，也更生动（见图 2-7），适合表现较为轻松的画面，建筑转折也不必那么清晰。

图2-6 快线 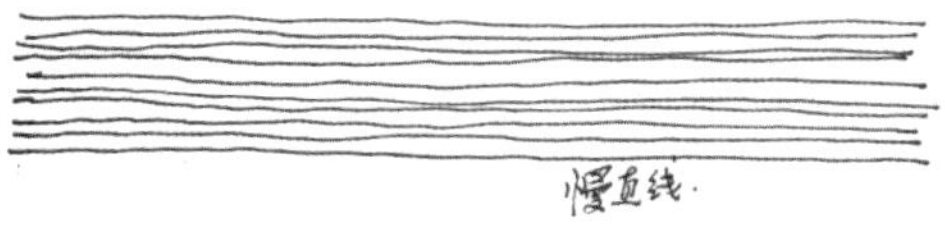　　　　　　　　　　　图2-7 慢线

颤线：给人以放松、轻松之感，更具线条本身的美感，同时也很具表现力（见图 2-8），描绘的画面惬意、有趣味性。

图2-8 颤线

（6）注意起笔的位置，注意线与线之间的穿插关系，做到宁过勿不及。图 2-9 所示为线的穿插正确、错误画法。

图2-9　线的穿插正确、错误画法

线的组合表现如图 2-10 所示。

图2-10　线的组合（郑峰绘）

2. 手绘表现的线条组织

（1）线条是造型的基础，要熟练掌握用线；要注意线条的疏密（见图 2-11）、轻重、节奏；线条要灵活、多样。

（2）排线是最基础的课程练习，线条要按照一定的规律进行组合。

通过排线的轻重、疏密来反映物体的明暗层次，可做横、竖、斜线的练习（见图 2-12）。

图2-11　线条的疏密关系

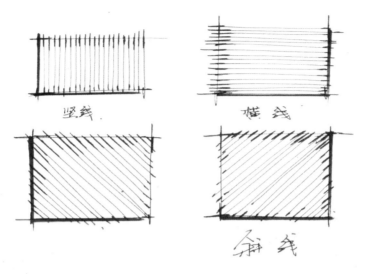

图2-12　线条练习

手绘表现线条组合练习如图 2-13 所示。

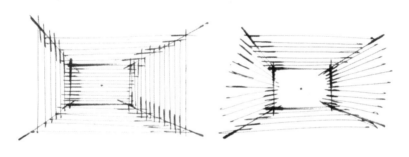

图2-13　线条组合练习

（3）一般来说，排列曲线要比排列直线的难度更大一些。它要求线条流畅、自然，注意在形体的转折处拆分结构，也就是在形体的转折处顿笔、起笔。有时在线稿中，我们有意在用笔中去寻找曲与直、快与慢、停顿与提按的感觉，就如同写字一般地运笔。曲线练习如图 2-14 所示。

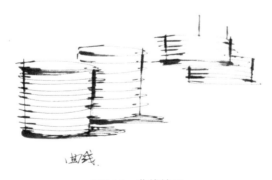

图2-14　曲线练习

手绘表现的建筑线条练习如图 2-15 所示。

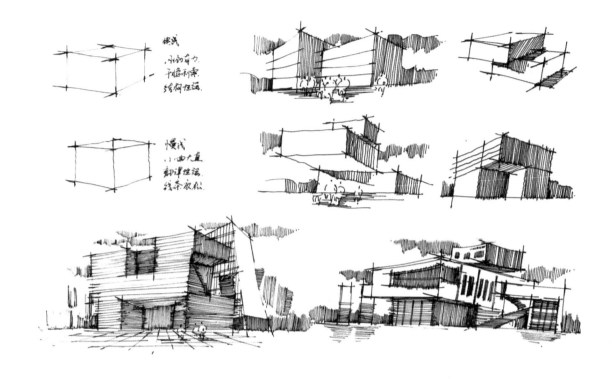

图2-15　建筑线条练习

（4）总结：画线时，手腕要放松，要轻轻抬起，让笔尖从纸面上划过，不要太用力；线条要有始有终，两头重中间轻，注意节奏；线条要有穿插，就如同用铁丝焊接在一起，形成一个整体的结构；曲线要做到小曲大直，在曲线的转折处停笔，形成一个曲线的趋势；颤笔要手腕放松，线要有起笔、运笔、收笔的节奏变化。

2.3　手绘设计表现体块表现

描绘物体，要注意线条的组合和通过线条表现的体块关系。

体块是塑造形体空间的关键，任何一个立体的物体都将以一个体块的形式出现；物体受光照的影响会产生受光面、灰面、背光面、反光面、投影面等，我们通过线条就可以塑造出物体的明暗关系。

2.3.1　体块理论

我们首先要理解何为三视图。

三视图一般是指平面图、立面等构成的正交视图与三维透视图所共同构成的物体多角度视像关系（见图 2-16）。

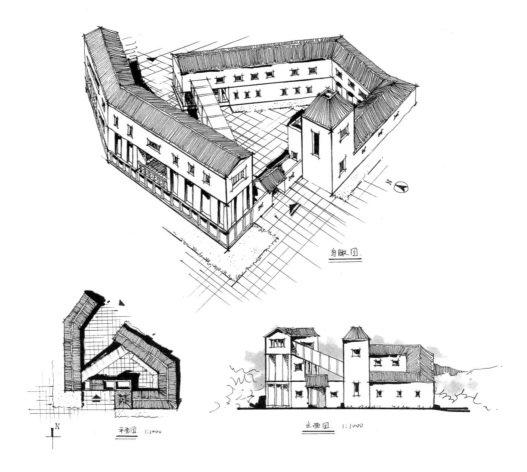

图2-16　建筑的三视图

体块表达的要点如下。

（1）透视准确、清晰。

（2）线条肯定，不拖泥带水。

（3）空间关系和体块关系明确。

2.3.2　体块表现

绘制形体时，要先观察和思考在何种透视角度下绘制形体。透视是体块表现的骨骼，对体块塑造起到基础结构作用。图2-17、图2-18所示分别为一点透视和两点透视的框架图。

基础形体练习的步骤如下。

（1）注意物体的整体透视关系。从整体出发，注意体块之间的大小比例关系，按照透视原理进行绘制，使其能形成一个整体。

（2）要注意物体的结构。在把握整体体块的基础上，要注意物体的结构，注意形体之间的穿插和不同位置的转折。

（3）把握形体的光影关系。要把握物体的光源方向，通过光照，使物体的结构和体积更加清晰、明确，并把握物体的投影关系。

（4）通过线条的虚实关系塑造形体。要通过线条的疏密和对比关系，把握形体的虚实，塑造体块关系。

一点透视（平行透视）   两点透视（成交透视）

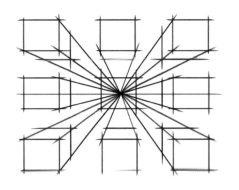

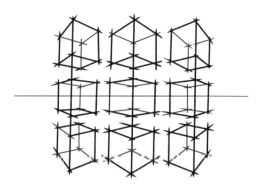

图2-17　一点透视框架图　　　　　　　　　图2-18　两点透视框架图

手绘设计表现体块练习如图 2-19 所示。

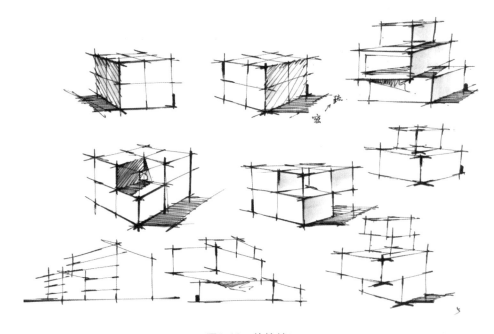

图2-19　体块练习

2.4　手绘设计表现光影表现

光影作为构成物体空间环境的重要元素，是最利于塑造空间情景的设计方式。不同的物体表面因为受光线角度的影响、光照强弱的不同，会产生不同的光影效果。通过物体的明暗、色彩、图案、肌理等来体现光的形式，塑造出物体的空间光影。物体的光影关系和图 2-20 所示。图 2-21 所示为建筑光影练习示例。

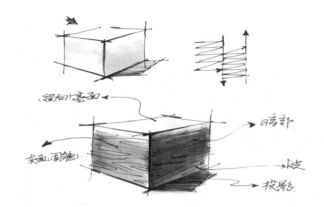

图2-20　物体的光影关系

图2-21　建筑光影练习示例1

2.4.1　光影的作用

　　光影的表达，要首先确定光源的方向，之后再添加物体的光影效果，阴影部分的表现要肯定、明确。光影不仅能增加建筑的体量感，还能使建筑形象更加生动，富有层次效果。光影的作用具体如下。

　　（1）光影对空间的塑造，使体块关系更加明显，使物体具有立体感。

　　（2）光影是对物体光照关系和特征的概括，能够增加物体的肌理感和视觉冲击力。

　　（3）光影体现物体在空间中的材料质感，表现物体的材质美和形式美。

（4）光影能够渲染物体的空间环境和场地氛围。

图 2-22 所示为建筑光影练习示例。

图2-22　建筑光影练习示例2（郑峰绘）

2.4.2　光影的表现

物体的角度要选择好，好的观察角度能够凸显物体的空间结构和形体美感；要明确光源方向，光源方向决定了投影的方向，能够更好地体现建筑的形体和空间层次关系；要注意光源的角度，不同的角度投影的形式和长度也不同；要注意体块本身的明暗关系和空间环境的投影关系。图 2-23、图 2-24 所示为两个建筑光影练习示例。

图2-23　建筑光影练习示例3（郑峰绘）

图2-24　建筑光影练习示例4（郑峰绘）

2.5　手绘设计表现马克笔材料基础

　　马克笔又称麦克笔，通常用于快速表达设计构思以及设计效果图。它是 20 世纪 90 年代传入我国的一种快速手绘表现与设计构思的绘图工具（见图 2-25）。

　　马克笔对于繁忙的设计师来说，无疑是一种理想的渲染工具。它无须费时的准备和清洗工作，打开即可作画。马克笔的颜色保持稳定，且可以预知，笔触感强，色彩鲜明且绘画的界限分明，色彩叠加效果好。

　　与黑白线稿配合使用能适当地补充了马克笔的效果，同时帮助马克笔克服了最主要的弱点，即无法限定和保持清晰的边缘，可以在绘出清楚的底图后进行马克笔上色。

　　这也意味着，一旦你以一定的程序渲染特定图纸，你就可以一次次重复这一程序，获得相同的效果，一旦这次成功了，你再遇到此类问题就可以迎刃而解了。

2.5.1　马克笔的材质分类

　　按墨水的媒介可分为水性、油性和酒精。

图2-25　马克笔

1. 水性马克笔

水性马克笔的颜色可溶于水，如果用蘸水的毛笔在上面涂抹，可得到与水彩相似的效果。

2. 油性马克笔

油性马克笔一般是用甲苯稀释，具有快干、耐水、不易变色的特点，同时，具有较强的渗透力，且耐久性较好。

3. 酒精马克笔

酒精马克笔在市场上最为常见，以酒精为溶剂，颜色饱和度高；缺点是易变色，色彩稳定性较差。一般分为单头和双头，性价比较高。

2.5.2　马克笔品牌推荐

1. TOUCH马克笔（酒精）

现在一般选用 TOUCH 马克笔（酒精），它价格便宜、易购买、颜色丰富，且易于与其他品牌马克笔混用，而不会出现颜色冲突的情况。一般选用三、四、五代产品，适合初学者。

2. 法卡勒马克笔（酒精）

法卡勒马克笔（酒精）颜色更加丰富，尤其在浅灰、浅彩色系上颜色尤为丰富；可选颜色多，色彩相对柔和，不过于鲜艳，广泛应用于手绘设计表现。
本书中建筑手绘效果图作品多使用该品牌的马克笔。

3. AD马克笔（油性）

AD 马克笔（油性）为美国进口品牌，价格相对较高；其属于油性，色彩丰富、明亮，饱和度高，颜色稳定性强，适合有一定手绘设计基础的设计者使用。

注意：初学者可用法卡勒马克笔结合其他品牌马克笔做上色练习，它们性价比较高，能够弥补相互之间的不足；等熟练运用之后，再选择更好的马克笔。

法卡勒马克笔的常用色如图 2-26 所示。

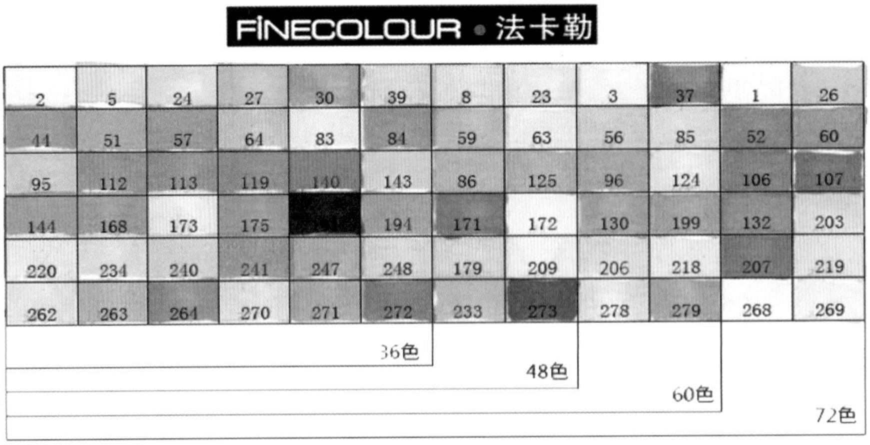

图2-26　法卡勒马克笔的常用色

2.5.3 马克笔上色的基本原理

马克笔上色是通过颜色的循环叠加来取得丰富的色彩变化，马克笔的上色通常用于快速上色，因而要做到心中有数。

马克笔上色一般是深色叠加浅色，即先浅后深、叠加画法，否则浅色会稀释掉深色而使画面变脏；每叠加一次，画面的色彩就会加重一个层次，叠加时注意保留上一遍的颜色，形成丰富的色彩层次效果。

2.6 手绘设计表现水彩材料基础

2.6.1 水彩画

水彩画，顾名思义，就是以水为媒介调和颜料作画的表现方式。就其本身而言具有两个基本特征：颜料本身具有的透明性；绘画过程中以水为媒介，具有水的流动性和晕染效果。

水彩材质的特性导致水彩艺术的特殊性，水色的结合、透明性质、随机性及肌理都是值得研究的课题。水融色的干、湿、浓、淡变化以及在纸上的渗透效果使水彩画具有很强的表现力，并形成奇妙的变奏关系，产生了透明酣畅、淋漓清新、幻想与造化的视觉效果，与自然保持了和谐的灵动之美，构成了水彩画的个性特征。水彩的表现及相关工具如图2-27所示。

图2-27　水彩的表现及相关工具

2.6.2 水彩画的工具和材料

1. 水彩颜料

好的水彩颜料颗粒较细，透明性好，色彩纯度高、饱满，干湿变化较小。在选择颜料时，应注重颜料的品质，但也不能不考虑价格，特别是在学习阶段。根据包装的不同，颜料可分为锌管装和固体颜料两种。为了携带方便，推荐选用固体水彩颜料（见图2-28）。

通常选择性价比高的颜料，如上海生产的"马利"牌、天津生产的"温莎·牛顿"牌，品质较好，价格也合理。另外，有进口的颜料，如英国的"温莎牛顿"、德国的"史明克"、日本的"樱花"、荷兰的"梵高""荷尔拜因"等，这些颜料品质较好，但价格相对昂贵。

图2-28　固体水彩颜料

2. 水彩纸（本）

水彩纸（本）的特性是吸水性比一般纸高，磅数较大，纸面的纤维也较强壮，不易因重复涂抹而破裂、起毛球（见图 2-29）。

图2-29　水彩本

水彩纸有相当多种，便宜的吸水性较差，昂贵的能保存色泽相当久。按纤维来分，水彩纸有棉质和麻质两种基本纤维；按表面来分、有粗纹、中粗纹、细纹等；按制造工艺来分，分为手工纸（最为昂贵）和机器制造纸。

如果要画细致的主题，一般选用棉浆纸，这种水彩纸也往往是精密水彩插画的用纸；如果要表达淋漓流动的主题，要用到水彩技法中的重叠法时，一般选用木浆纸，因为木浆纸吸水快，干得也快，缺点是时间久了会褪色。

一般根据画面的不同，选用不同价位的纸张。国产的可以选用宝虹纸，国外的可以选用康颂、阿诗、获多福等；如果画幅较小，建议选用四面封胶的，便于携带和绘画。

2.6.3　水彩笔

水彩笔要求饱含水分、富有弹性，凡具有此功能的笔都可以作为水彩笔使用，因此，画水彩画的笔的品种很多，不同种类和型号的画笔会产生不同形状、轻重的笔触，画面效果也不尽相同。一般准备底纹笔、圆头笔、平头笔等（见图2-30），即可基本满足绘画的需要。也可选用专业的水彩用画笔，画笔一般为松鼠毛，这种画笔做工精良，含水量高，笔触运用灵活多变，但是价格昂贵。

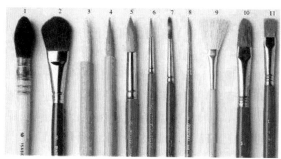

图2-30　水彩笔

2.6.4　其他材料

在特殊的水彩画技法中，还需要借助其他的工具来完成特殊的水彩画效果。常用的有留白胶和留白液（见图2-31）（可预先保留需要留白处理的部分）、松节油（与水不相溶，可创造出斑驳的效果）、喷壶（打湿画面，做点状肌理）、物体肌理（创作出逼真的物体质感和肌理）等。

图2-31　水彩画常用的留白胶和留白液

一、本章要点

1. 手绘表现的线条运用

(1) 画线时，手腕要放松，让笔尖从纸面上划过，不要太用力。

(2) 线条要有始有终，两头重中间轻，注意节奏变化。

(3) 线条要有穿插，如同用铁丝焊接在一起，形成一个整体的结构关系。

(4) 曲线要做到小曲大直，在曲线的转折处停笔，形成曲线趋势。

2. 手绘设计表现体块及光影表达

3. 马克笔、水彩材料基本属性

二、课程思政设计

结合尺规绘图工具的使用，挖掘我国古籍中蕴藏的古代机械设计草图，融入中国古代劳动智慧为代表的优秀历史文化元素；结合手绘设计训练目标，强调手绘设计表现基本功训练的作用，彰显技术创新的重要性，深刻感知传统工匠精神。

学生通过自主挖掘设计主题元素，进而确定表现形式与材料，再通过专业技能进行手绘设计的形式美表达。这样的思维扩展训练和应用项目实践不仅锻炼了学生对手绘设计的形式美规律的应用能力，提升艺术审美的认知水平，还可以通过手绘设计表现激发学生的学习热情、工艺观念，培养学生的爱国情怀。

三、复习和练习

1. 完成一张线条练习，通过"盲画"，加深对手绘表现的节奏理解。

2. 熟练运用快线、慢线和颤线进行不同空间的表现。

3. 选取你们感兴趣的区域特色建筑，运用线条对比关系组织画面，完成建筑空间的光影效果手绘表现。

第3章

手绘设计表现的透视与构图

章节概述

本章以透视学的基本原理、透视表现类型及空间的构图原理等为主要内容，探求科学的透视学理论方法及画面的构图形式在手绘设计表现中的应用。

3.1 空间的透视学原理

3.1.1 透视学基本原理

透视是手绘设计效果图的基础骨架，它直接影响着绘制的效果。一幅手绘设计表现作品一旦基础透视关系出现了错误，后面的设计表现也就无从谈起了；手绘设计表现作品首先就是要确定透视关系是否正确，其次才是线稿、上色及其他表现部分。

如果说线条是设计表现的皮肤，色彩是表现的外衣，那么透视就是设计表现的骨骼和结构，孰轻孰重，不言自明。线稿、上色等都是在对透视的准确把握、比例关系的掌握、空间布局的组织基础之上进行的。

透视的基本规律：近大远小、近实远虚（见图3-1）。

图3-1　透视规律图

英文中的"透视"一词源于拉丁文"perspective"，就是透过透明的平面来观看景物，从而研究它们的形状。透视学是在平面或曲面上研究如何把我们看到的现象投影成形的原理和法则的学科，即研究在平面上进行物体空间立体塑造的学科，是将三维空间转移到二维平面

上的表现技法。简单地说，就是在纸张上呈现事物的远近、虚实关系。

对任何一位从事设计表现的学习者和从业者来说，运用透视学原理进行手绘设计表现都是必备的一项技能。它是手绘设计作图的基础，学习透视原理的目的，不仅是掌握在二维平面上表现三维景物的画法，更重要的是用这个规律来指导我们认识事物、表现事物。透视成像规律如图3-2所示。

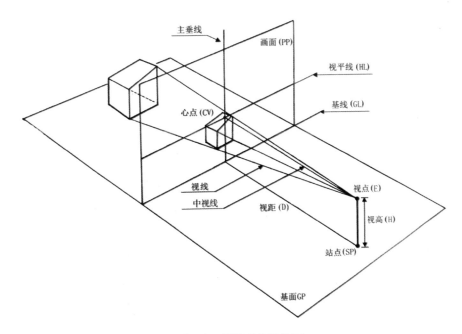

图3-2　透视成像规律图

1. 透视学的三要素

透视学的三要素是眼睛、画面、物体。眼睛是透视的主体，眼睛对物体的观察构成透视的主观条件；画面是透视的媒介，是绘制透视图形的载体；物体是透视的客体，是绘制透视图形的客观依据和描绘对象。

2. 透视学的基本术语

视平线（HL）：与人眼等高的一条水平线，这条线在我们绘画中非常重要。

消失点（VP）：不平行于画面的直线、无限远的投影点，也称为灭点。不同的透视关系消失点的数量也不同。

画面（PP）：用来表现物体的媒介面，即假想的透明平面，一般垂直于地面平行于观者。

基面（GP）：观察物体的放置平面，一般指地面。

视高（H）：从视平线到基面的垂直距离。

视点（EP）：观者所站的位置，又称为站点。

心点（CV）：观察者视点与画面的垂直相交点，即视点在画面上的正投影，又称视心。

视距（D）：视点到画面的垂直距离，它决定着画面的景深。

原线：与画面平行的线。在透视图中保持原方向、无交叉的线。

变线：与画面不平行的线。在透视图中有交叉点的线。

3.1.2 透视的分类

1. 一点透视

一点透视又称为平行透视：由于在透视的结构中，只有一个透视消失点，因而得名。 一点透视是一种表达三维空间的基本透视方法，当观者直接面对景物，可将眼前所见的景物表达在画面上。

当物体的一个主要棱面与画面平行，其他平面按照透视原理交于一个消失点上，所形成的透视图就称为一点透视。通过画面上线条的特别安排，来组成人与物或物与物的空间关系，令其具有视觉上立体及距离的形象。

一点透视的特点：简单、规整、庄重、严肃。

一点透视基本原理如图 3-3 ～图 3-5所示。

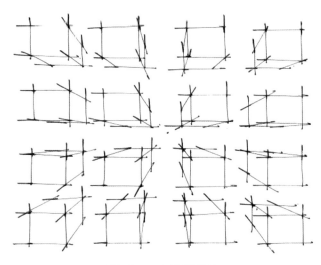

图3-3　一点透视原理

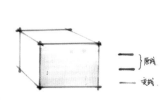

图3-4　一点透视原理图1

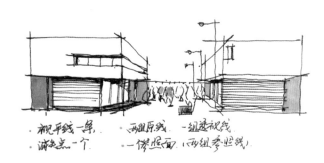

图3-5　一点透视原理图2

一点透视的判断标准如下。

（1）原线、变线的数量——两组原线、一组变线。

（2）只有一个消失点（灭点）。

（3）有一个面平行于画面。

（4）距离视平线和视中线距离越远，线的透视角度也就越大。

一点透视空间表现示例如图 3-6 ～图 3-9 所示。

图3-6 一点透视空间表现示例1（郑峰绘）

图3-7 一点透视空间表现示例2（郑峰绘）

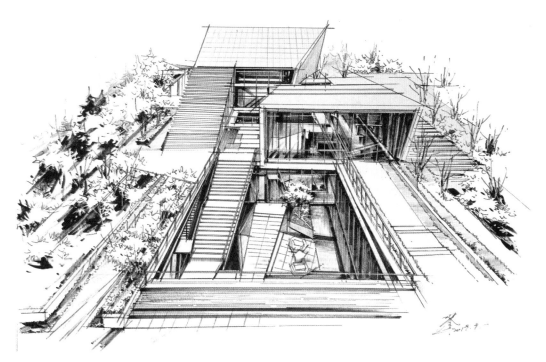

图3-8　一点透视空间表现示例3（郑峰绘）

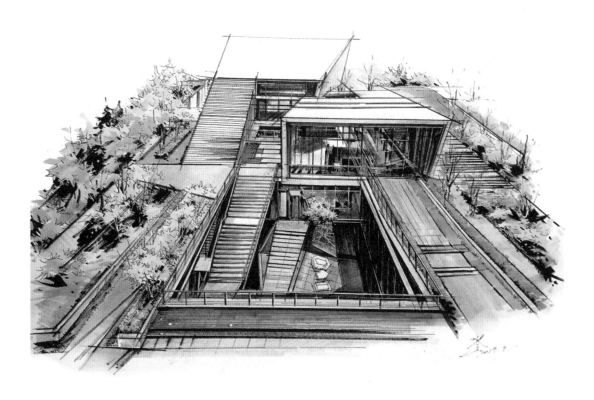

图3-9　一点透视空间表现示例4（郑峰绘）

2. 两点透视

两点透视又称成角透视，由于在透视的结构中有两个透视消失点，因而得名。

两点透视是指观者从一个斜摆的角度，而不是从正面的角度来观察目标物，因此，观者看到各景物不同空间上的面块，亦看到各面块消失在两个不同的消失点上。

两点透视的特点：生动、活泼、多变、最接近人的正常视角。

两点透视基本原理如图 3-10 ～图 3-12 所示。

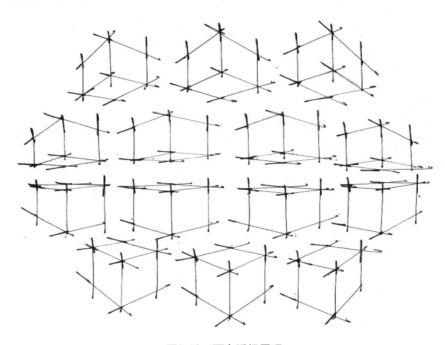

图3-10 两点透视原理

图3-11 两点透视原理图1　　　　　　　　　　图3-12 两点透视原理图2

两点透视的判断标准如下。

（1）注意原线、变线的数量：一组原线、两组变线。

（2）有两个消失点。

（3）有一个棱平行于画面。

（4）距离视平线和视中线越远，线的透视角度越大。

两点透视空间表现示例如图 3-13 ～图 3-16所示。

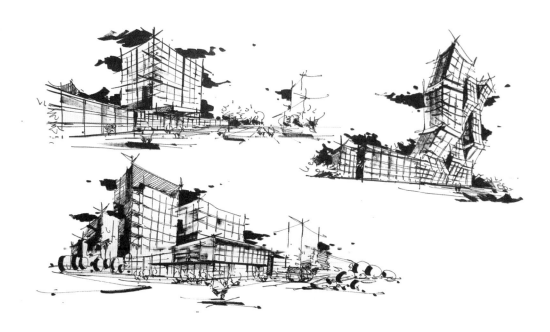

图3-13　两点透视建筑表现示例1

图3-14　两点透视建筑表现示例2

图3-15　两点透视建筑表现示例3

图3-16　两点透视建筑表现示例4

3. 三点透视

三点透视又称为倾斜透视，是在画面中有三个消失点的透视。

此种透视的形成，是因为景物没有任何一条边缘或面块与画面平行。当物体与视线形成角度时，因立体的特性，会呈现往长、阔、高三重空间延伸的块面，并消失于三个不同空间的消失点上。

三点透视一般用于表现整体场景的鸟瞰图或用于表现单体建筑的仰视、俯视效果。表现高大的物体或者视平线以上的物体时，一般选用仰视透视；当人们站在高处向下观察物体时，会选用俯视透视，即鸟瞰效果。

三点透视常见表现形式：鸟瞰（俯视）图、仰视图。

三点透视基本原理如图3-17～图3-19所示。

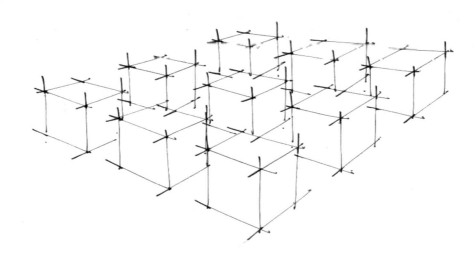

图3-17　三点透视原理

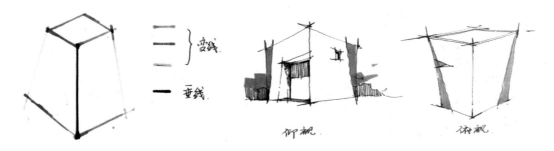

图3-18　三点透视原理图1　　　　　图3-19　三点透视原理图2

三点透视的判断标准如下。

（1）注意原线、变线的数量：无原线、三组变线。

（2）拥有三个消失点，在两点透视的基础上加入了天点或地点。

（3）有且只有一条垂线，其他的线条都有透视方向，交于天点或地点。

三点透视空间表现示例如图3-20～图3-23所示。

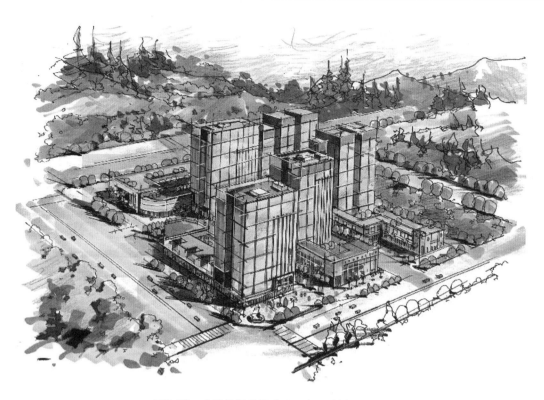

图3-20　建筑俯视效果表现示例（学生作品）

图3-21　建筑仰视效果表现示例（学生作品）

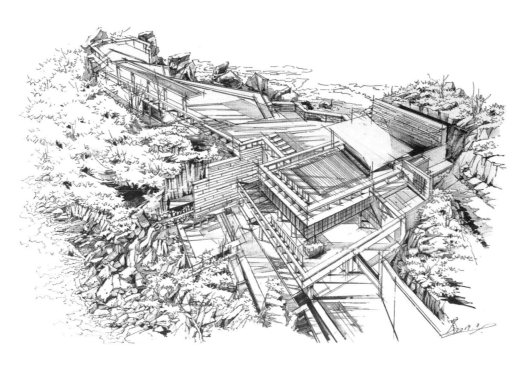

图3-22　建筑鸟瞰效果表现示例（郑峰绘）

图3-23　建筑鸟瞰表现示例（郑峰绘）

3.1.3 中西方透视原理分析

中国味道的透视，既要变化又要稳重。在中国传统绘画中，与我们所讲的西方式的焦点透视有一定的区别，我们要有所认识，这样才能在绘画中灵活运用。

西方绘画多采用焦点透视的技法，这正是我们要学习的基本方法。图3-24所示为拉斐尔的《雅典学派》。

图3-24 拉斐尔的《雅典学派》

中国传统绘画采用散点透视的方法。散点透视是我国传统绘画中应用透视理论的一种提法，与固定视点的焦点透视不同，它采用移动视点，将景物进行多角度的描绘，所以又被称为多视点透视或动点透视。中国历代画家在散点透视画法上不断地研究与实践，将不同高度、位置的景物艺术性地融汇到整幅画面之中，形成多视距、多视点的特色表现方法，形成了中国传统绘画独特的空间表现形式，也成为世界艺术宝库中的一颗璀璨的明珠。

如图3-25所示为北宋画家张择端的《清明上河图》局部，就是散点透视绘画的典范。它既有焦点透视的成分，同时也具有中国传统绘画中的三远透视原理，即平远、高远、深远。

图3-25 北宋画家张择端的《清明上河图》局部

3.2　空间的构图原理

3.2.1　构图的基本原则

构图是手绘设计表现的重要因素，在传统绘画理论中又被称为"章法"或"布局"。其含义就是把各个部分组成、配置并加以整理出一个具有艺术性和设计性的画面。构图有一般性法则，即所谓基本法则，如讲究画面的平衡、对称、呼应及多样统一等；构图有特殊性法则，不同地区、不同画家有不同的欣赏习惯和审美情趣。

构图要求我们把构成整体的那些部分有效地统一起来，把典型化的物象进行强调和突出；对烦琐的物象进行简化和舍弃，做到主次分明、虚实对比。构图就是使一切设计要素服从于画面的整体需要，即要取得形式上的和谐与统一。

构图要遵循两个基本原则：完整与变化。

1. 完整

画面完整，指画面的整体要构图饱满，画面中的物体不能过大也不能太小，不能太集中也不能太分散，不能大纸画小画，更不能小纸画大画。完整，并不是物体占有画面过满，而是要求画面满足设计的、艺术的满，即使留白，也是画面的组成部分，是景观设计的完整。图3-26所示为树中木屋的手绘表现。

图3-26　树中木屋的手绘表现（郑峰绘）

2. 变化

变化是画面构图的另一原则。变化，是指主次、疏密、虚实、呼应等画面构成形式。变化在画面中的处理，是画者水平的体现，能够有效地避免呆板、平均和过于对称。

在如图3-27所示的表现老街房子的线描作品中，笔者有意加强了画面的疏密对比，增加虚实关系，前景放松，重点刻画中、远景，增加了空间层次；画面最前面区域采用留白处理，有效延伸了画面的空间感。

图3-27　老街·弄堂系列手绘表现（郑峰绘）

3.2.2　构图的技巧

纸张，本身就是画面的第一次构图过程。

纸张的大小、形状、尺寸等，也是构图的一种本质形式，我们要学会利用它，让其更好地为我们的设计表现服务。图 3-28、图 3-29 所示为纸张的几种形状及相应构图。

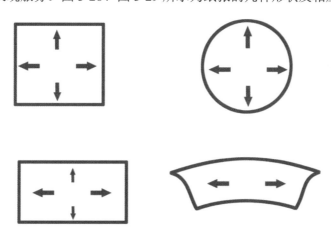

矩形：给人方正的视觉感受　　　　圆形：给人饱满的感觉
长方形：给人延展的感觉　　　　　扇形：给人诗意和文化感

图3-28　纸张形状与构图1

图3-29　纸张形状与构图2

3.2.3　构图的大小

在手绘设计表现构图中，要注意构图的大小和位置的均衡、画面的面积与留白的关系等，并针对不同的场景采取不同的构图方式，这样可以使画面更加灵活生动且富有变化；要注意主体物与配景之间的相互关系。

以景观小品效果图为例。在一个景观空间中，要注意设置画面的前、中、近景的关系，使画面富有层次与节奏感。在如图 3-30 所示的景观小品效果图中，残缺的景观墙和流水的陶罐为画面的主景，而石头和植物都是配景，绘画过程中特别注重构筑物的体量和面积关系在画面中所占的比例大小，恰当的比例大小关系，能使得画面整体感更强，更能营造出一种身临其境之感。图 3-31 ～图 3-34 所示为构图有缺陷的几种情况，如构图偏大、偏小、偏上、偏下等。

图3-30　构图适中的景观小品效果图

图3-31　构图偏大

图3-32　构图偏小

图3-33　构图偏上

图3-34　构图偏下

3.2.4　构图与构成

　　平面构成理论对画面的布置有着很好的指导作用。在对画面进行构图设计的过程中，我们可以把画面中的某些部分归结为点、线、面的基本元素，并运用这些元素来组织画面，把完整的画面概括为构成形式关系；当然，也可以把画面先构成出来，通过对画面的推敲，不断调整画面的构图。

　　通过对点、线、面的组织，根据平面构成的方式完成图案化的设计画面，这有利于我们不断推敲画面的黑白灰关系和构成关系，并运用构成方式提升自己的构图能力（相关案例见图3-35）。

　　画面具有大小、明暗、对称、均衡等各种画面关系，在训练中，我们可以运用平面的构成关系来组织和处理画面（相关案例见图3-36）。

　　当然，也可以利用正负形的关系，组织和构成画面。大的黑白灰块面，能使得构成更加富有变化，突出重点。好的构图力求与主体形成影调上的对比，使得主体更加具有立体感、空间感和清晰的轮廓感，加强视觉上的力度。建筑构图与表现中构图的方式常用的就是对称与均衡。

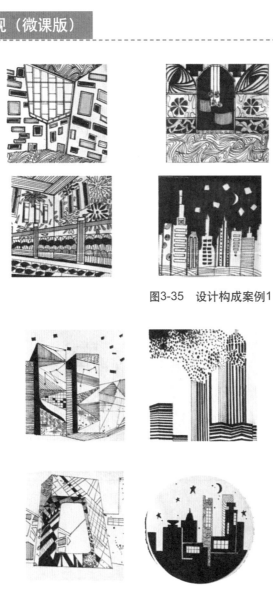

图3-35　设计构成案例1

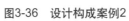

图3-36　设计构成案例2

3.2.5　构图中的视平线

1. 构图中视平线的选择

构图的好坏跟透视有着密切的关系。不同视平线的选择决定了透视空间的不同效果，因此，设计表现过程中对于视平线的选择因为画面的需求不同也不尽相同。

一般来说，当空间的面积较小时，为了使空间显得高远，在视平线的选择上可以适当压低，呈现出物体的高大形象；反之，当空间的面积较大时，物体较多，为了表达出空间的整体概况和丰富的层次效果，视平线可以适当抬高，这也就是鸟瞰图（见图3-37）的作用。

图3-37　鸟瞰图空间表现（韩文芳绘）

2. 构图中视平线的位置

视平线在构图中的位置选择在设计表现效果图中是非常重要的。面对同样的物体，不同的位置选择，会呈现出不同的视像效果和心理感受。

如图3-38所示，视平线在整幅作品的一半或偏下的位置，这样整个构图的视觉中心便集中于画面的下半部分，而使上面的空间显得空旷、高大。画面重点塑造画面视平线以下的区域，把整幅构图刻画重点放在这个部分，同时，也是画面中对比最强烈、细节最多的地方。

在构图中，通过尽量压低视平线，甚至感觉是蹲着在观察，这样能够更好地提升空间。

视平线位于画面1/3处，视觉中心明确，重点突出，同时，视平线以上的空间空旷，没有压抑感，画面构图整体均衡。

视平线位于画面1/2处时，视觉中心相对平均；画面中天、地大小平均，这时候在处理

图3-38　视平线位于画面1/3处（郑峰绘）

画面时要有侧重点，不可过于平均。如图 3-39 所示，重点刻画地面，而放松顶面，突出主次
关系；反之，过于平均化则会使房屋层高显得较低，层次不够突出。

图3-39　视平线位于画面1/2处（韩文芳绘）

3.2.6　构图中景物的取舍

中国有个词叫作"舍得"。"舍得"就是舍弃不重要的东西，而保留重要的事物。就是
说，有所为，有所不为；有所舍，有所取。当我们面对客观对象的时候，让什么景物进入画
面，什么景物不进入画面；进入画面的景物在画面中的位置、面积等，这些都是"取舍"的
学问。

没有"舍"，也就谈不到"取"了，这也就是所谓的经营位置。著名画家黄宾虹有段话，
说得很有道理："对景作画，要懂得舍；追写物状，要懂得取；取舍不由人，取舍可由人。"
所谓"取舍不由人"，是指绘画对象客观地存在，不可任意歪曲，要如实地反映；所谓"取舍
可由人"，是指画者可以发挥自己的主观能动性，根据实景格局，布局画面，对景物加以选择、
提炼。石涛的名言——"搜尽奇峰打草稿"，搜尽，就是画家对客观事物的仔细观察、认真取
舍的绘画态度。

构图是对自然景物的一种提炼，可以根据画面的需要，大胆地进行概括和取舍，以达到
理想的画面状态。绘画时，根据画面的需要，有时也会把构图以外的景物移植到画面中去，
这就是"移花接木"，画面中需要这种对景物的"乾坤大挪移"。图 3-40、图 3-41 所示分别为
重庆老建筑的实景照片及相应的构图表现。

图3-40　重庆老建筑的实景照片　　　　图3-41　画面取舍——重庆老建筑的手绘表现

（郑峰绘）

对景物的"取舍"，是建立在对客观事物的分析和研究的基础之上，从纷杂的自然景物中寻找合适的形体加以表达。"取"，可将画面以外利于构图的物体移入画面，也可根据画者的主观意愿进行添加，但添加的内容要合情合理地融入画面中去；"舍"，就是要大胆地放弃那些对画面构图不利的因素，或是可有可无的景物。图 3-42、图 3-43 所示为苏州拙政园建筑的实景照片及相应的手绘表现。

图3-42　苏州拙政园建筑的实景照片　　　图3-43　画面树木的增加——拙政园建筑的手绘表现

如图 3-42 所示的这幅苏州拙政园写生照片，笔者根据画面的层次需要，在因山就水的长廊区域前增加前景树木和游船，凸显了画面的层次感与趣味性，使得构图更加完整而富于变化（见图 3-43）。

因此，要做好"取舍"，舍弃那些损害画面整体感的物体，才能更直接、更明确地反映表达的主题。做好构图的取舍关系，能够凸显画面中所展现景物的整体感和统一的效果。

3.2.7　构图中的对比

对比是处理画面不可缺少的艺术手法。画面中存在很多不同的对比类型，如果缺少这些对比，就会显得呆板、平淡。加强对比关系，可以明确画面的层次，相互强调、相互呼应，强调画面的变化，突出重点，表现主题。

构图中的对比处理，要发挥主观能动性，根据画面的需要平衡画面、处理画面。不可随意而为，要讲求其内在关系，合理分析。

1. 宾主对比

画面中需要有宾主关系。有主无宾，会显得单调、呆板；有宾无主，则会松散，无重点。当然，宾主对比，也不可使宾胜主。一般来说，画面中的"主"，形象要突出，要强调，必要时可作适当地夸张，面积上也可适当地突出；宾主之间要相互照应，不能使其孤立无援。经营宾主关系，立意时便要明确对比，可以划分出不同的层级，哪些是主要的、次要的、辅助的、陪衬的，都要在画面中交代清楚。画面中宾主关系如图 3-44 所示。

图3-44　宾主关系示意图（王伯敏整理）

2. 虚实、疏密、黑白、远近对比

1）虚实对比

要拉开空间、层次，达到黑、白、灰度分明的对比效果，画面中就要做到虚实有致、疏密有度。虚实是一种概念，它与黑、白是两个范畴，但在画面的表现上，又相互联系。如果说"黑"为"实"，"白"则为"虚"；画山、画树、画景为实，画云、画水、画远山便是虚。

如图 3-45 所示 的《宽窄巷枯树》，一片树林，在小树枝的纵横交错间，疏疏朗朗，这便是虚了。这种虚可能看似不起眼，实际上对画面起到了非常重要的对比作用。若把这些虚空间完全闭塞，寒林就不能称为寒林了，这就说明了画面处理时虚、实的作用，产生一种"实则虚之，虚则实之"的效果。有些时候，为了追求画面的整体和混沌的效果，使画面的轮廓模糊，就是减弱虚实对比关系的最好诠释，在作画时，要不断尝试和体会。

所以，虚实通常可以理解为：将画面的主体或是前景物体进行深入的刻画，而将次要的物体、配景或远处的物体进行概括、整体的处理，使得画面主体为实，次要为虚；前为实，后为虚。

还可以将虚实关系进一步引申，发掘其更深层次的含义：以实为虚，以虚为实。比如一幅山水画，看它在着力画山，实则在画云，是以山来表现云。正如白石老人的虾图（见图3-46），画出了虾在水中的动态，使人们感觉到虾在水中游走，画面中虽无水，但却有水的意蕴；水是虚的，但又是实的，这是虚实的高境界。

图3-45　《宽窄巷枯树》（郑峰绘）　　　　图3-46　虾图（齐白石绘）

2）疏密对比

疏密在画面中起到调和的作用，疏衬密，密衬疏，在大面积的密中应该渗透着疏，同样，在大面积的疏中也应该渗透着密。画面最忌平、齐、均，应疏密有致，打破平均、单调的格局。

古语有云："疏可跑马，密不透风"，这是对疏密的高标准、严要求。如同音乐，会有抑扬顿挫，同理，绘画也要讲求章法，要有疏密、聚散、轻重，这些在听觉或视觉上的感受，是人们在精神上所需要的审美调节。

构图的疏密对比，是单位面积内线条的密集关系。通过线条的疏密程度来管理画面，无论景物如何的复杂，只要处理得当，就能把复杂、凌乱的空间层次有条不紊地表现出来。疏和密应间隔处理，疏的旁边是密，密的旁边是疏，疏密有致，才能把握好画面。图3-47所示为构图的疏密对比示例。

3）黑白对比

黑与白，在视觉上对比强烈，传统的中国画历来重视对黑的审美，往往与文化挂钩，认为黑具有墨色，有书卷气。黑白对比易产生强烈、明确的空间效果和丰富的节奏感，也可以起到强调主题、突出重点、增强体积感和层次感的作用（见图3-48）。

近代著名画家黄宾虹先生的山水画（见图3-49），就善用积墨、宿墨、焦墨，突出黑、密、浓、厚，人称"黑宾虹"。这实则是他黑中留白，黑为点缀，白为霜雪，是黑白对比的典型例子。

黑白对比的处理方法在画面中往往以黑、白、灰关系来表现景物的层次。三者之间的对比和穿插运用得当，便可产生远、中、近景的空间层次，产生纵深感。黑白对比也可引入光线的作用，增加光线的受光面和阴影面，加强明暗关系，使得画面更具立体空间效果。

图3-47　构图的疏密对比示例（临摹）

图3-48　画面黑白关系示例

图3-49　黄宾虹的山水画（画面黑白对比）

4）远近对比

所谓远近，是人们在一个视点上，在一定视域范围内的视觉感受。运用远近对比关系，不仅能够产生近大远小、近实远虚的效果，还能产生空间层次的感觉，并且作为一种空间现象而存在。

近、中、远三个层次，在变化多端的自然界，不断地发生着改变，再加上画者的感受和艺术造诣的不同，使远、中、近三个层次产生各种意想不到的效果，中国古代的画家尤其擅长此道。如图 3-50 所示，可以看出视觉上产生了近景、中景、远景的层次效果。近景为几艘小船的局部，中景为古村落建筑，远景为渐渐模糊的远山；近、中、远景，从前往后，做减法处理，通过透视的原理，近实远虚、近详远略。

图3-50　龚滩古镇（郑峰摄）

著名艺术评论家王伯敏先生依据对古今山水画的分析，列举了15例处理方法，如图3-51所示。可以看到，近景不一定为"黑"、为"密"处理，在绘画中，因画家处理的需要，可以将近景用"白色"处理，将中景用"灰色"处理，而远景反而为"黑"的处理了。所以画面远、中、近景的处理方式是有虚实、疏密、对比变化的，这是与传统透视的近实远虚恰恰相反的处理方式。

图3-51　山水构图（王伯敏整理）

3.2.8　构图的注意事项

（1）要选择适当的角度进行观察和构图。

不同的透视可以给观者不同的感受：一点透视简单、规整、庄重、严肃；两点透视生动、活泼、多变、灵活。我们要把握不同透视的特点，选择合适的透视角度。

在手绘表现时，可以尝试从多个不同的角度来观察物体，通过同一作品不同角度的对比观察，选择更加合适的角度。适当的视角，能更好地突出主题，使画面的表现力更强，给人以更好的视觉感受。

（2）要注意构图的画面均衡。

均衡不是指绘画的物体对称和物体大小的相等，而是要考虑物与物之间的相互关系，哪些是主要的物体，哪些是次要的、辅助的物体。主要的物体一般为画面的中心和重点，是视觉中心，它一般会放到画面的中心位置或重点刻画；而次要的物体要跟主要物体形成对比关系，一般会弱化处理，以求达到整个画面构图的均衡。

（3）要突出主体视像。

主体在画面中一般只有一个，是视觉中心。主体物往往由某一建筑物、构筑物或多个景物有机地组合在一起。主体在画面中起着主导性作用，相比于配景，刻画得要更加深入、具体，其在画面中的位置安排也更加合理，力求在构图方面获得视觉上的平衡感，突出主体视像效果。

本章小结

一、本章要点

1. 空间的透视学原理及基本透视技法表现

2. 空间的构图原理：

① 空间中的构图技巧；

② 构图中的视平线选择；

③ 构图中的取舍与对比。

二、课程思政设计

《千里江山图》（见图3-52）是北宋王希孟创作的绢本设色山水画，现收藏于北京故宫博物院。该作品以长卷形式，立足传统，画面细致入微，烟波浩渺的江河、层峦起伏的群山构成了一幅美妙的江南山水图，渔村野市、水榭亭台、茅庵草舍、水磨长桥等静景穿插捕鱼、驶船、游玩、赶集等动景，动静结合得恰到好处。

《千里江山图》画卷，不仅代表着青绿山水发展的里程，且集北宋以来水墨山水之大成，并将创作者的情感付诸创作。春晚舞蹈诗剧《只此青绿》（见图3-53）就是以该图为蓝本进行的创作。

图3-52　王希孟的《千里江山图》（局部）

图3-53　《只此青绿》舞蹈剧照

"一重山，两重山，山远天高烟水寒"，该图强调韵律，也就是画面中各元素重复出现，元素之间相互呼应。

比较分析舞蹈人物造型布局（见图3-53）与《千里江山图》的山水韵律要素，把握设计的韵律法则，把复杂烦琐的元素加以提炼与美化，使设计表现形式与表达的内涵相统一，将博大精深的传统文化渗入设计理念之中。中华优秀传统图像元素既可以作为课程的教学主题，也是对大学生开展"传承文化记忆、强化文化认同"隐性教育的载体，将优秀传统文化蕴于课程教学过程之中，正是教育育人的宗旨。

三、复习和练习

1. 熟练掌握一点透视、两点透视和三点透视的基本规律与原理，并能够运用它们完成不同透视空间的表达。

2.透视快速表现练习。五分钟一个图，掌握透视规律与趋势。示例如图 3-54、图 3-55
所示。

图3-54　透视快速表现示例1

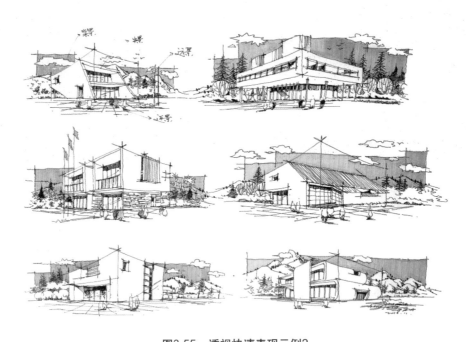

图3-55　透视快速表现示例2

3.构图形式练习。要求以"九宫格"的方式呈现，表现出空间的远、中、近景，并注意
运用框景的手法完善构图形式（见图 3-56）。

图3-56　构图形式练习示例（九宫格）

第4章

手绘设计室内空间线稿表现

章节概述

　　室内空间表现是设计方案的基础训练阶段。作为一种手绘设计表现方法，它是设计工作中的重要组成部分，是为设计方案服务的。室内空间表现是在室内单体到组合表现的基础之上，运用基础透视学规律，进行室内空间从二维空间到三维空间的设计表现。

4.1 室内单体及组合表现

4.1.1 室内单体的表现

　　单体是室内空间表现的基础要素和组成部分。要画好它，就要理解单体在室内空间不同位置的表达形式，特别要注意的是透视关系要准确、到位，这样，在绘制整体室内空间效果图的时候才不会出现问题。同时，也要注意室内单体各组成部分之间的结构与组织关系，结构关系的变化、材质不同，手绘表现的形式和方式也会有所不同。图4-1、图4-2所示为两幅室内沙发单体的手绘表现。

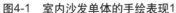
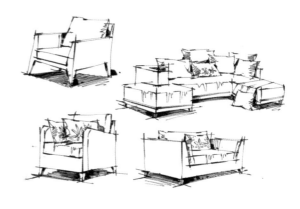

图4-1　室内沙发单体的手绘表现1　　　　　图4-2　室内沙发单体的手绘表现2

　　室内单体的结构可以归纳为最初的几何体块关系，将复杂的结构关系概括化，以简单的立方体块为基础，把握物体的透视关系，对空间结构进行切割。这是一种锻炼眼力、脑力和手力的训练方式。要学会透过现象看本质，运用基础几何体进行手绘设计表现，可以进行设计思维研究，为室内整体空间表现打造良好基础。图4-3所示为室内沙发单体的手绘表现。

4.1.2 室内组合的表现

　　室内物体的组合表达要难于单体，它要注意物与物之间的整体透视关系。在一个组合当中，一般是用同一种透视关系来表达；但在一个空间当中，也可能出现含有不同透视关系的物体，但只有一种透视关系占据主导地位，另外一种透视关系占从属地位。

　　在绘制组合物体时，要先从占主导透视的物体结构开始画起，其他物体都要以这个物体为参照物，来绘制完成整个室内组合空间。图4-4～图4-10所示为若干个组合的手绘表现。

图4-3　室内沙发单体的手绘表现3

图4-4　室内沙发组合的手绘表现

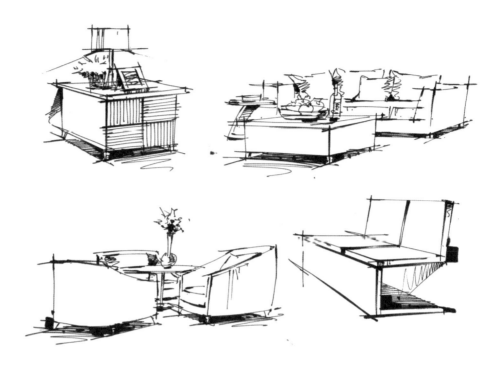

图4-5　室内家具组合的手绘表现

图4-6　餐厅家具组合的手绘表现

图4-7　客厅家具组合的手绘表现1

图4-8　客厅家具组合的手绘表现2

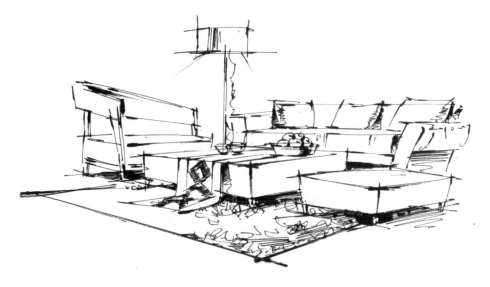

图4-9　客厅家具组合的手绘表现3

图4-10　卧室家具组合的手绘表现

室内家具组合表现要注意以下事项。

（1）比例准确，注意不同结构之间的尺度关系。

（2）透视视角的选择要合理，视平线不可过高。

（3）线条要流畅，一气呵成，整体感强。

室内空间组合练习是对素材的积累，大量的训练和设计思维的养成，是后期方案阶段手绘设计表现的基础。

4.1.3　室内空间软装的表现

配饰一般是指室内空间中的软装饰，是室内的陈设部分，是营造室内空间氛围的主要构成要素，也是室内空间风格、品质、趣味性表达的不可缺少的组成部分。

在室内设计行业流传着一句话："重装饰、轻装修"，指的就是把室内软装配饰放在了一个重要的地位。软装饰的元素主要包括家具配饰、装饰画、花艺绿植、窗帘布艺、灯饰、装饰摆件等。软装饰是在室内硬装的基础上，对室内陈设的布置，是室内空间的二次装修。

我们要重视配饰的画法，它能够提升室内空间的氛围感，使得空间构成更加地丰富，空间结构更加地饱满。

1. 软装抱枕的手绘表现

抱枕能够营造一种温馨的室内氛围，提升室内空间的舒适性和亲和力。抱枕的样式很多，我们要把握住基本形态；所谓万变不离其宗，基本形态是其他形式变化的基础。在日常生活中，我们要多做这方面的积累，多观察和多写生，使我们的绘画更加地生活化。

在手绘表现时，可以把它的基础形状视作基础的立方体，对其进行线条的穿插表现和形状处理，塑造其松软的质感；在物体表面可以进行花纹或图案的表现，使其更加富有审美特性。图4-11 所示为抱枕的手绘表现方法。

图4-11　抱枕的手绘表现方法

2. 灯饰类的手绘表现

一般的空间会有两种常用光线：一种是自然光，就是天光和太阳光的组合，时间不同，光线的颜色和强度也不同，这就需要我们多做这方面的观察和写生；另一种光就是人工光，不同的空间需要不同的发光设备，由于发光产品多种多样，不断地更新，因此我们要不断地积累更多的造型、更多的款式和样式。

在室内空间环境中，灯具是空间照明的基础。从照明的方式上来分类，主要包括："点"光源，如射灯、筒灯、台灯等；"线"光源，如灯带、灯管、吊灯等；"面"光源，如灯箱、吸顶灯等。图 4-12 所示为灯饰的手绘表现。

3. 室内窗帘的手绘表现

窗帘的主要作用是与外界隔绝，保持室内空间环境的私密性，同时，它又是室内空间设计不可或缺的装饰品，窗帘给室内空间增加了温馨的暖意。

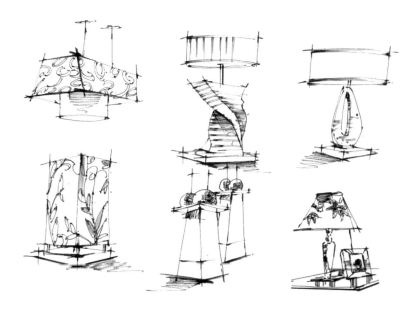

图4-12　灯饰的手绘表现

　　窗帘将室内空间分隔成"内""外"两个世界，既是"实"空间，当窗帘慢慢打开，又会形成与外界互通的"虚"空间。在手绘表现时，要简单、概括，注意用三条线段表现物体的空间转折。图 4-13 所示为窗帘的手绘表现方法。

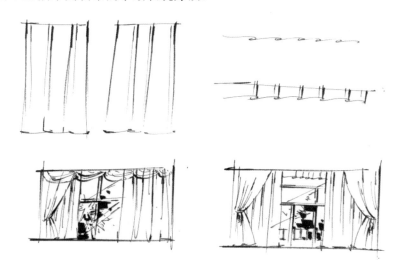

图4-13　窗帘的手绘表现方法

4.1.4　室内植物类的表现

　　植物类材料是室内空间环境的重要配景要素。所谓配景要素就是指用于烘托室内空间环境效果的配饰部分。在室内空间效果图中，除重点表现的室内空间主体之外，还有大量的配景要素；室内空间环境是画面的主体，但它不是孤立的存在，需协调在合适的配景之中，才能使室内空间环境渐臻完善。

　　植物的表现需要首先了解其基本的生长规律，了解叶脉与根茎的穿插关系，如棕榈类植物的表现，应多从生活中观察，多写生，积累相应的表现素材。图4-14所示为植物的手绘表现。

图4-14　植物的手绘表现

　　装饰性植物是室内空间软装的重要形式，它们一般作为室内空间的点缀，丰富了空间的内涵，使其充满了生活的气息和情趣。图4-15所示为室内植物的手绘表现。

图4-15　室内植物的手绘表现

室内的盆景、盆栽、插花等，既能够美化室内的空间环境，又能够提升室内的整体品位。植物盆景是空间中生命的象征，古人历来喜欢盆景这门艺术，其中尤以江南地区为甚。盆景的表达要注意植物造型的特异性，是一种扭曲的美感，配合山石点缀，形成特殊的中国传统山水的意蕴。图4-16所示为室内盆景植物的手绘表现。

图4-16　室内盆景植物的手绘表现

在室内空间表现中，植物要素还能够起到补充和完善画面的作用，这就是植物对画面的框景。就如同为室内空间加入了一个植物前景，增加了空间的层次感，同时对构图进行了有效的补充。框景植物的树冠要自然而有变化，树干要简洁、概括。图4-17、图4-18所示为框景植物的手绘表现。

图4-17　框景植物的手绘表现1

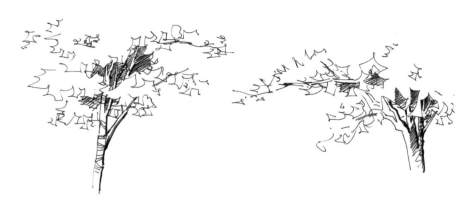

图4-18 框景植物的手绘表现2

4.2 室内空间透视表现

室内空间透视表现的方法多样，选择合适的表现方式对于空间的不同类型塑造会起到重要的作用。不同的表现方式，呈现出不同的手绘设计表现效果。

4.2.1 室内空间线稿表现

室内空间线稿以线条为主要表现形式，通过线条的穿插和疏密关系，依据正确的透视关系绘制而成。室内空间线稿表现，一般运用纯线条的方式，而不加明暗或加少量的明暗效果，重点强调室内的空间透视与形体的相互结构关系，它是后期手绘与设计方案阶段表现的基础。

相对而言，室内空间环境的整体表现的难度要远远大于室内家具的单体和组合。处理家具之间的关系时，要严格地按照透视关系的要求来表达。首先要明确透视类型，其次在绘制好透视框架的基础上，找出物体与地面的投影关系，最后对其进行相应高度的拉伸，便能够绘制出整体的空间透视。初学者尤其容易犯错，所以，一般首先画出物体在地面上的投影，再抬高相应的高度，形成室内三维空间效果。图4-19所示为一点透视的框架。

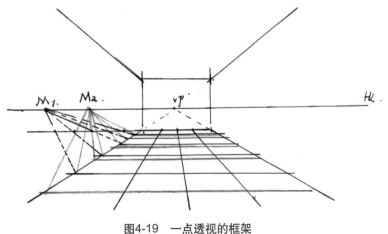

图4-19 一点透视的框架

图 4-20、图 4-21 所示分别为一点透视的单空间表现与多空间表现。

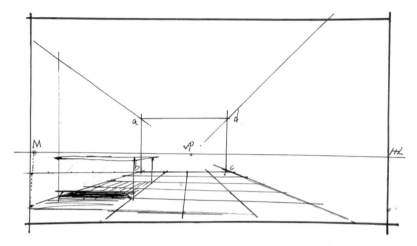

图4-20　一点透视的单空间表现

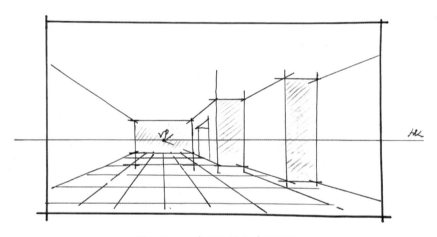

图4-21　一点透视的多空间表现

图 4-22、图 4-23 所示分别为一点斜透视及两点透视的框架。

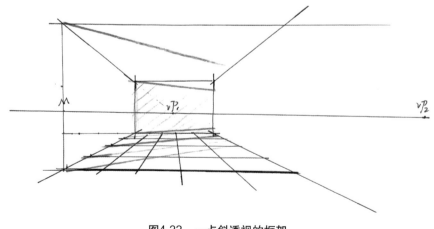

图4-22　一点斜透视的框架

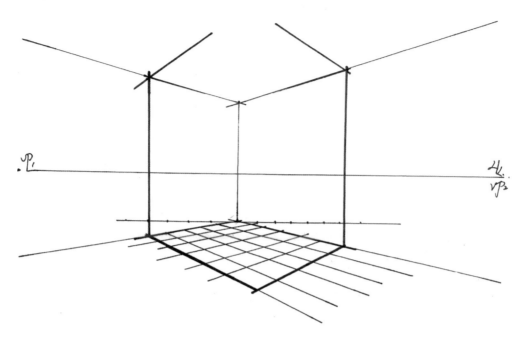

图4-23　两点透视的框架

图 4-24、图 4-25 所示为客厅的空间线稿。图 4-26 所示为卫生间的空间线稿。

图4-24　客厅的空间线稿1

图4-25　客厅的空间线稿2

图4-26　卫生间的空间线稿

图 4-27 所示为客厅空间的手绘表现。

图4-27　客厅空间的手绘表现

4.2.2　室内空间明暗表现

室内空间明暗表现不同于纯线条的方式，而是在线条的基础上加入了光影关系。如同素描一样，纯线稿类似于结构素描，利用线条强调空间关系；加入光影、明暗，就像在素描中画出了光影调子，使形体添加受到光照的效果。考虑到室内空间所受到人工光或是自然光的影响，室内空间明暗表现使室内空间环境更加地立体化、真实化。图 4-28 ～图 4-31 所示为客厅客间的明暗表现。

图4-28　客厅空间的明暗表现1

图4-29　客厅空间的明暗表现2

图4-30　客厅空间的明暗表现3

图4-31 客厅空间的明暗表现4

图 4-32、图 4-33 所示分别为卧室空间和室内公共空间的明暗表现。

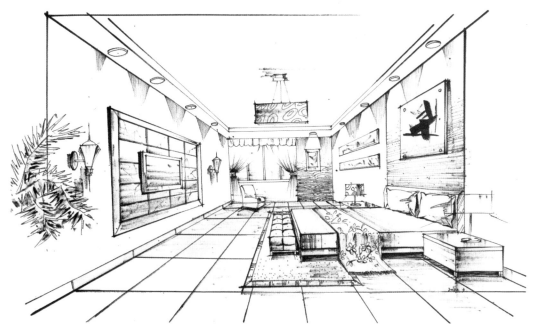

图4-32 卧室空间的明暗表现

图4-33　室内公共空间的明暗表现

4.3　室内空间方案表现

4.3.1　室内平面空间表现

　　平面布置图一般是指用平面的方式展现空间的布置和安排。平面图是室内设计的基础，设计由此展开，一般在取得平面结构图的基础上，首先便进行平面的布局，安排不同的家具、软装等在室内平面图中的位置。一般平面图包括平面布置图、地面布置图、天棚吊顶图等。

　　常用室内平面家具图例如图 4-34、图 4-35 所示。

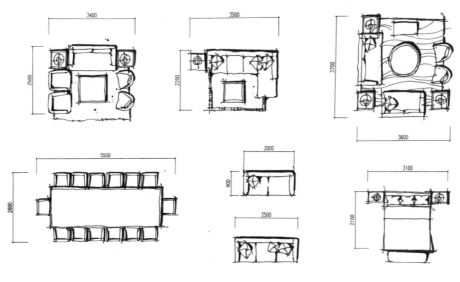

图4-34　室内平面家具图例1

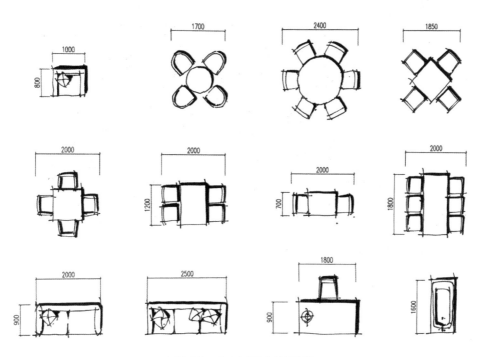

图4-35　室内平面家具图例2

室内平面布局图案例如图 4-36、图 4-37 所示。

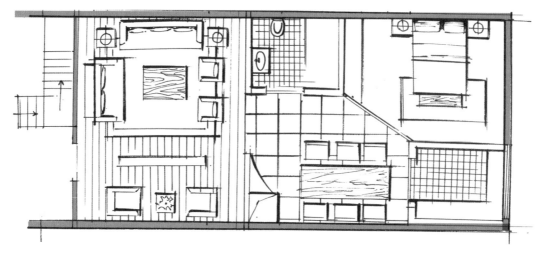

图4-36 室内平面布局图1

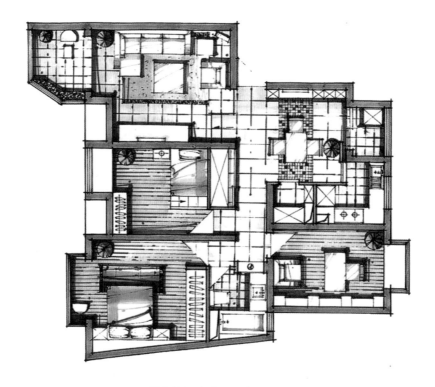

图4-37 室内平面布局图2

4.3.2 室内立面的空间表现

立面图，是室内空间结构及家具的垂直正投影图。在立面表现时，应按照比例表达出墙体的结构关系和物体的空间尺度，同时表示出主要立面的材质信息和相应标注。图4-38所示为室内走廊立面图。图4-39、图4-40所示为室内卧室立面图。

图4-38　室内走廊立面图

图4-39　室内卧室立面图1

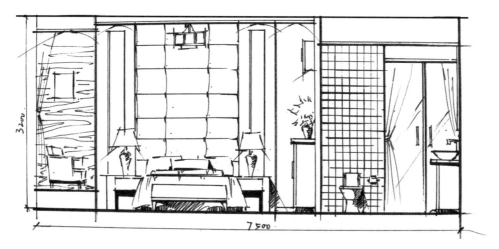

图4-40　室内卧室立面图2

4.3.3 室内分析图表现

室内分析图在进行室内空间方案表现时是非常重要的，它能够直观地阐述和分析设计者的设计思维过程与设计整体思路。其主要以室内草图呈现。

室内分析图是一种能够形象而且直观地表达室内空间结构关系、整体环境氛围，并具有很强的艺术感染力的设计表现形式，它为设计方案的最终呈现起到重要的基础作用。室内分析图能够根据场地原始结构信息，分析场地环境的特点和整体设计构思方式，反推设计平面结构是否正确、室内动线的安排是否便捷、功能分布是否合理。

室内分析图根据作用的不同可以分为以下两种。

记录性草图：主要是设计人员收集资料时绘制的。

设计性草图：主要是设计人员设计时推敲方案、解决问题、展示最终效果时表现的。

4.3.4 室内结构空间表现

空间结构，是建筑学对各种结构的称谓，一般而言还包括了这些结构形式涵盖或衍生的形式。在此，重点了解建筑的切割及多体块空间组合形式。

板片结构：用板片形式切割建筑立体体块。

插片结构：以建筑内部插片的形式切割建筑立方体，一般以竖向插片为主要形式。

中空结构：以建筑内部挖空的形式切割立方体，中空部分可用于采光、通风。

凹凸结构：通过切割建筑立方体，形成体块的高低起伏形成建筑的凹凸结构形式。

斜坡结构：通过切割坡度的形式完成体块的变化，常用作坡屋顶形式。

室内结构的空间表现如图 4-41 ～图 4-43 所示。

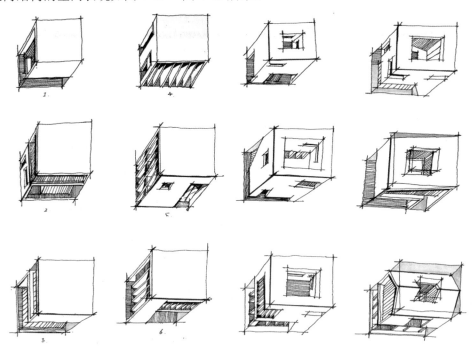

图4-41　室内结构的空间表现1（板片、插片、中空结构）

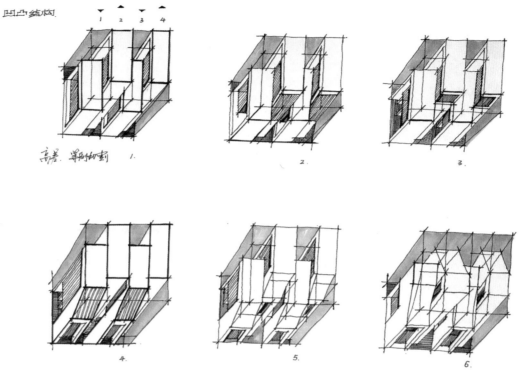

图4-42 室内结构的空间表现2（凹凸、斜坡结构）

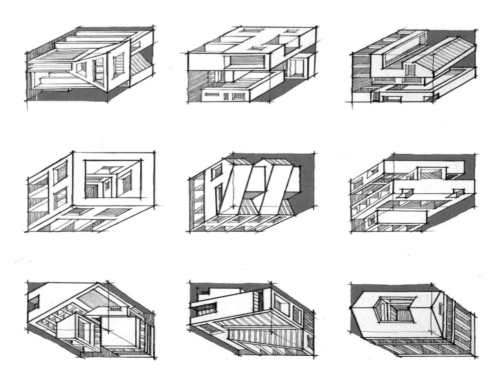

图4-43 室内结构的空间表现3（凹凸、斜坡结构）

 本章小结

一、本章要点

1. 室内单体及组合表现

2. 室内空间的透视表现

3. 室内多维空间的分类表现

二、课程思政设计

通过《家具里的中国》(《家具里的中国》是国内首部全景式展现中国家具文化的大型纪录片。通过梳理中国家具的发展历史，追溯木雕渊源，推广中华文化，赢得了广大观众的一致好评。该纪录片在中央电视台纪录频道特别呈现)引入教学，讲解室内空间背后的故事及承载的文化。通过传统室内空间环境主题的传承与创新设计，激发学生的好奇心和学习兴趣，增强学生的文化自信。

室内空间设计的品德教育目标是培养学生传承并发扬精益求精的工匠精神，培养学生独立进行设计思维及设计的创新能力；分析室内设计风格、形式，对比东西方文化与风格流派的差异，引导学生尊重不同国度及地域文化；通过对"借""透"等中国传统园林设计手法的分析，融入我国传统哲学思想，提升学生的思想境界，使学生树立正确的治学态度和人生观。

本章紧密联系时代及时事热点问题，借助信息化的教学手段，刺激学生的感官感受，促使学生更深入地理解知识点，提高教学效果，融入思政教育，启发学生运用普遍联系的观点，提升哲学意识及全局观念，达到潜移默化、立德树人的思政效果。

三、复习和练习

1. 室内空间组合的透视表现。运用透视原理，进行室内家具的分类组合表达，包括客厅沙发组合、餐厅餐椅组合、卧室床柜组合等。要求透视准确，比例合适，以线稿形式表现。

2. 室内空间的分类型手绘设计表现。要求构图完整，透视结构准确，家具尺度适宜，并注意不同风格元素的元素融入。

3. 理解和掌握物体的空间结构组合形式。能够运用板片、插片、中空、凹凸和斜坡结构形式进行物体的空间组合重构。

第5章

手绘设计景观空间表现

景观空间表现是景观快题方案设计的基础训练与技能提升阶段。本章重点围绕景观植物材料、景观山石、水景、构筑物、景观人物配景等展开设计手绘实训，并通过景观环境空间营造的视角，完成景观手绘效果图的表现。

5.1 景观植物配景的表达

5.1.1 景观植物的基础用线

在景观空间环境表现中，植物要素的表现起着关键的作用。植物的基础用线是植物材料表现的基础，手绘植物的用线要自然、随意，富于浑然天成的趣味。它多以曲线表达，相对于坚硬的直线，曲线更加柔美、自然，通常用它来表达植物的林缘线和轮廓线。图5-1所示为植物表现的常用线型。

重点：植物手绘表现时，应特别注意线条的流畅性及植物的质感塑造；线条运用要灵活自然，并注意植物树冠的外形轮廓。

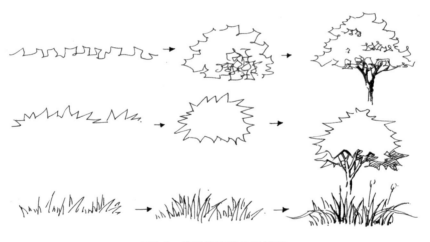

图5-1 植物表现的常用线型

棕榈类植物一般生长在热带地区，常见的树种有椰子树、棕榈树等。表现时应把握其叶子的特征，注意叶片从根部到尖部的渐变处理及叶脉之间的距离与流畅度；树干的处理以横向纹理为主，自上而下逐步弱化处理。图5-2、图5-3所示为手绘植物用线示例。

重点：注意叶脉要分组处理，叶形要连续表达，树干强调纹理疏密有致。

5.1.2 植物的分类表现

在绘制景观效果图的过程中，要非常重视植物的分类表现。

图5-2 手绘植物用线示例1

图5-3 手绘植物用线示例2

1. 植物的表现方法

按照手绘设计表现的方法分类，主要包括轮廓表现法、枝干表现法、远景表现法和平面表现法。

轮廓表现法：通过植物的轮廓线来表达植物的形体、轮廓，在表现植物时，要特别注意植物树冠的林缘线表达，线条要有变化，形体要把握准确；树干分枝要有主有次，要自然舒展。

枝干表现法：树木的枝干表现，要注意主干、分支的关系；再根据枝干的趋势顺势而为，树冠一般省略不画或简单表达，而通过颜色来塑造树木的整体形体结构。

远景表现法：植物在景观空间中占有重要的地位，在景观中往往具有配景的作用，手绘表现时，不过分拘泥于植物本身的形态和树形，而只表达出远景的外轮廓。

平面表现法：平面图纸中的植物一般用外轮廓表现。按照空间比例关系，用圆形表示植物树冠的形态和大小，用圆形标识植物在空间中的位置（见图5-4、图5-5）。

常绿树、针叶树、阔叶树、灌木、草地等在平面图表现上要有不同的树冠线表示。

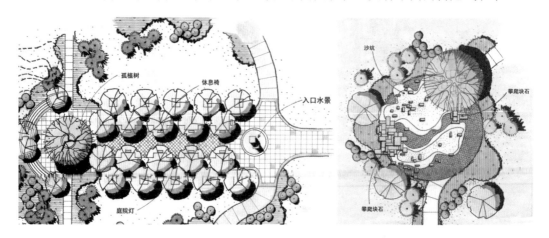

图5-4 平面图中植物表现示例1

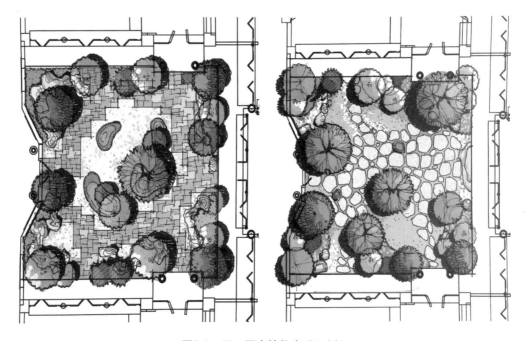

图5-5 平面图中植物表现示例2

2. 植物的属性分类表现

景观中的植物要素按照大小和属性分类，一般包括乔木类、灌木类、草本类。

1）乔木的表现

乔木是指树身高大的树木，由根部发生独立的主干，树干和树冠有明显区分。一般包括有直立主干，通常高达六米至数十米的木本植物。其往往树体高大。按其树形大小可分为伟乔（31米以上）、大乔（21～30米）、中乔（11～20米）、小乔（6～10米）等四级。

（1）树冠表现。画乔木时，要注意树冠的不同形状表达（见图5-6～图5-9）。

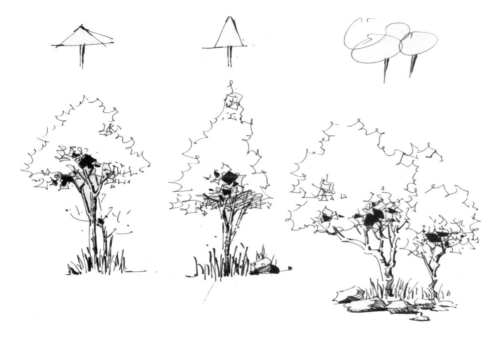

图5-6　不同轮廓的乔木（中景）树冠的表现示例1

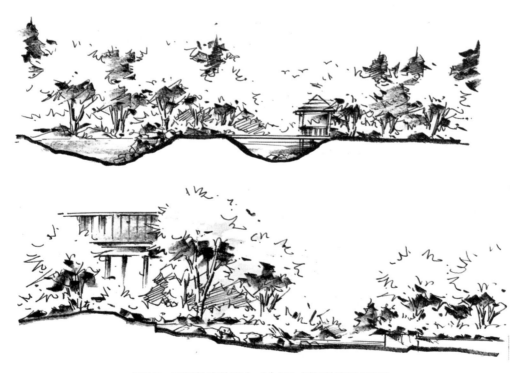

图5-7　不同轮廓的乔木（中景）树冠的表现示例2

图5-8　不同轮廓的乔木（中景）树冠的表现示例3

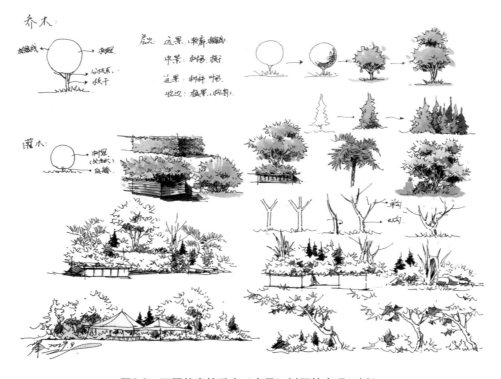

图5-9　不同轮廓的乔木（中景）树冠的表现示例4

（2）树干表现。画树干时，运用双勾和单勾的表现方法。运笔要在转折处停笔；枝干要错落，有变化；树干要有主有次，注意光线的表达与枝干的向光性。图5-10、图5-11所示为树干的画法示例。

图5-10 树干的画法示例1

图5-11 树干的画法示例2

画树干时常见的错误如图 5-12 所示。

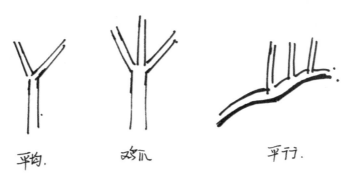

图5-12 树干画法的常见错误

（3）乔木景观表现一般包括远景、中景和近景植物表现。

① 远景植物的表现。远景植物在画面中往往起到背景的作用。远景树一般只画树木的外形轮廓；也可以只表现枝干，而通过色彩来塑造乔木的形体。远景表现方法能够使乔木看上去更加地自然、灵动，没有了轮廓的严格限制，树冠可以更加地自由和生动。图 5-13、图 5-14

所示为远景树的画法示例。

图5-13　远景树的画法示例1

图5-14　远景树的画法示例2

②中景植物的表现。景观空间表现中，最常用的就是中景植物。中景植物的表现，要求树冠概括，树干清晰可见，树叶不必形式明确，也不必确定什么树种，而只是强调树木的外

形轮廓即可。图 5-15 ～图 5-17 所示为中景树的画法示例。

图5-15　中景树的画法示例1　　　　　　　　　**图5-16　中景树的画法示例2**

图5-17　中景树的画法示例3

③ 近景植物的表现。近景植物又称为前景植物，一般会画得仔细。
前景植物要清晰地表现出植物的具体叶片形态、大小、树叶造型、质感等内容，要花一定

的时间去塑造植物形体，特别要注意不同树种、不同树冠、不同树丛的表现。图5-18～图5-20
所示为近景树（或前景树）的手绘表现示例。

图5-18 近景树的手绘表现示例

图5-19 前景树的手绘表现示例

图5-20 近景植物的手绘表现示例

（4）收边植物的表现。收边植物在画面中起到框景的作用，用以完善和补充构图。树冠要自然而有变化，树干也要简单概括，起到构成画面和补充画面的作用。图 5-21 所示为收边植物的手绘表现示例。

图5-21 收边植物的手绘表现示例

2）灌木的表现

灌木的特点是：没有明显的枝干，植株矮小，多作为园艺植物栽培。灌木在建筑效果图中经常和乔木、石头、水景等搭配使用，刻画程度要细，从体积、高度和精细程度上都要与其他植物区别开来。图 5-22 ～图 5-24 所示为灌木的手绘表现示例。

注意：绘制灌木时，要注意灌木的基本形体，重点强调其体块关系。

图5-22　灌木的手绘表现示例1

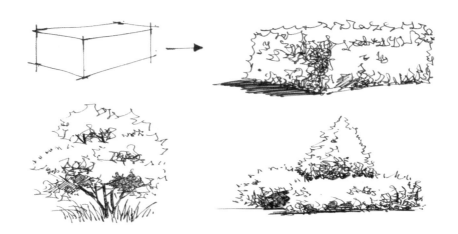

图5-23　灌木的手绘表现示例2

图5-24　灌木的手绘表现示例3

3）草本植物的表现

丛草生长繁密，在刻画的时候要注意到每个叶片的不同朝向，要把每个叶片的生长趋势刻画出来。一般要找到一组叶片，并以其为基础，围绕这组叶片进行绘画的演绎，以完成整个草本植物的手绘表现（见图5-25）。

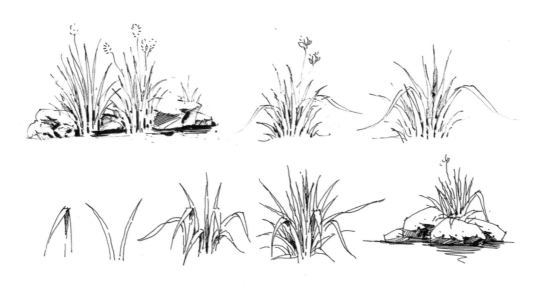

图5-25　草本植物的手绘表现示例1

注意：绘制丛生状草时，要注意基本型，再通过基本型演化生成整个物体。草丛与灌木、石块等配景搭配，突出了空间感和尺度感，同时，又增加了画面的层次感。

当描绘由草本植物围合而成的植物空间时，可以将其作为一个整体考虑，通过一定的虚实处理表现植物围合空间效果（见图5-26）。

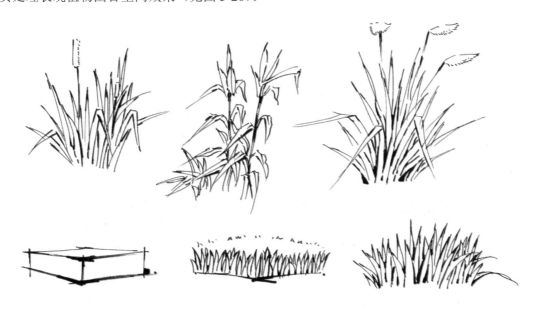

图5-26　草本植物的手绘表现示例2

5.2 景观山石、水景的表现

5.2.1 景观山石的表现

　　景观石头是景观空间表现的重要内容。自古以来，园林设计就讲究"筑山理水"。景观山石的体积。块面、凹凸、明暗、宽窄、薄厚、高矮都要表现出来，要注意石头分三个面，体积和块面的关系要明确表达。图 5-27 ～图 5-30 所示为景观山石及天然石材的手绘表现示例。

图5-27　景观山石的手绘表现示例1

图5-28　景观山石的手绘表现示例2

图5-29 景观山石的手绘表现示例3

图5-30 天然石材的手绘表现示例

5.2.2 景观水景表现

空间有水才会灵动，水景能够更好地提升景观空间环境的吸引力和灵动性，使画面整体统一。场地因水而活，空间因水而灵动。同时水体也能成为整个景观的视觉中心，使景观更加有层次变化。

要根据水景的状态和属性进行设计表现。水在景观空间中能起到基底（确定基准面及景观背景）、系带（链接和统一整体空间）和焦点（形成视觉中心与景观节点）作用，当然，倒影也能扩大和丰富景观空间。图5-31～图5-35所示为水景及石头、石桥的手绘表现示例。

注意：画水时，要注意用扫笔，笔触要轻盈、流畅。

图5-31 水景的手绘表现示例

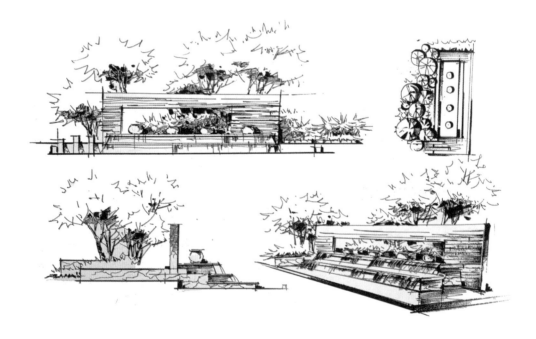

图5-32 水景景观的手绘表现示例

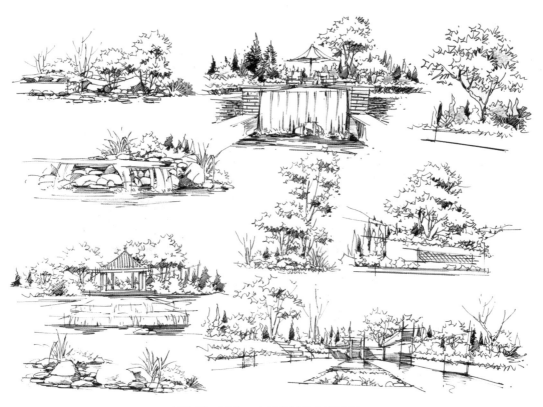

图5-33 石头、水景的手绘表现示例

图5-34 水景、石桥的手绘表现示例

图5-35　石桥、水景的手绘表现示例

5.3　景观人物、汽车配景的表现

5.3.1　景观人物的表现

人物的刻画在景观场景中必不可少，人物往往作为空间尺度的参照物，可以衡量空间大小，画人物的时候要考虑透视关系的变化，近处的人要画得大而详细，远处的人要画得小而概括，要注意大小比例关系。

人物的比例关系——蹲三、坐五、站七，指的是头所占整个身体的比例关系。我们画手绘时一般不严格按照这个比例来画。

手绘时头部一般可以概括为：上身与躯干的比例为1：1的关系（见图5-36）。

远景人物的表达：画出人物的轮廓（见图5-37）。

中景人物的表达：比远景人物要详细一些，要有变化，最好能体现出服装的基本面貌。图5-38、图5-39所示为中景人物的手绘表现示例。

图5-36　人物头部及比例

图5-37　远景人物的手绘表现示例1

图5-38　中景人物的手绘表现示例2

图5-39　中景人物的手绘表现示例1

5.3.2　汽车配景的表现

　　车辆是景观空间场景中的重要配饰。它能够提升场地空间的运动性和趣味性，明确场地中的交通结构关系，同时，能够充当场地的尺度标准。

手绘表现时，要能够理解和掌握汽车的基本结构关系和基础尺度，通过基本的立方体进行汽车结构的切割。图5-40～图5-42所示为几种汽车的手绘表现示例及方法。

图5-40   汽车的手绘表现示例

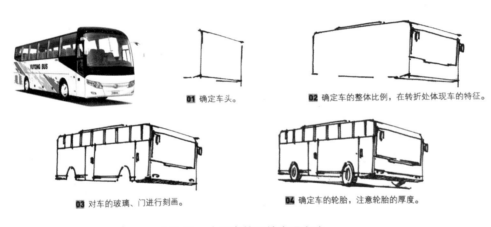

图5-41   大巴车的手绘表现方法

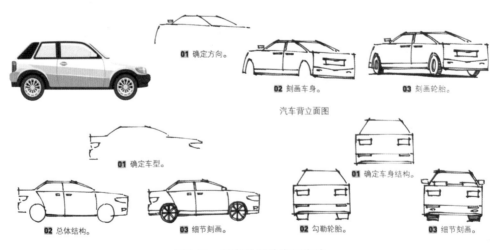

图5-42   轿车的手绘表现方法

5.4 景观空间效果表现

5.4.1 景观小品的表现

景观小品是景观空间的点睛之笔。景观小品一般体量较小、色彩单纯，对空间起重要的点缀和装饰作用。景观小品既具实用功能，又具精神内涵。

景观小品一般包括景观构筑物、景观柱、景观墙、景观设施、园路灯饰等。图 5-43 ～ 图 5-47 所示为景观小品及廊架的手绘表现示例。

图5-43 景观小品的手绘表现示例1

图5-44　景观小品的手绘表现示例2

图5-45　景观小品的手绘表现示例3

图5-46　景观小品的手绘表现示例4

图5-47　景观廊架的手绘表现示例

5.4.2　景观透视效果图表现

景观透视效果图表现如图 5-48 ～图 5-50 所示。

图5-48 景观小品的透视效果图表现（郑峰绘）

图5-49　景观水景的透视效果图表现1（郑峰绘）

图5-50　景观水景的透视效果图表现2（郑峰绘）

本章小结

一、本章要点

1. 景观植物的表现技法

2. 景观山石、水景的表现技法

3. 景观配景的表现技法

4. 景观空间效果的表现技法

二、课程思政设计

通过纪录片《园林：长城之内是花园》（《园林：长城之内是花园》是国内第一次以纪录片的方式把汉、魏晋、唐、宋、明清、当下为每集节点，从历史的跨度探究解读呈现中国千百年来独特的园林文化，从精神上探寻一个重要的文化命题——园林里的中国与美学人文价值、生活方式、审美情趣）引入教学。"历史，就像一只看不见的手，操控我们今天所有的生活。问题是关联历史和今天中间的枝蔓在哪里？需要我们逐一梳理，找出脉络。之后你就发现，原来这些生活是这样演变的，它来自古典的文化。因为，它已经融入我们骨髓、血液里太久，你已经找不出来龙去脉。"（导演手记）

引导学生了解环境景观设计的发展和历史，特别是中国古典园林设计中蕴含的世界观和人生观，使学生理解中华民族的传统思想，培养其爱国精神；介绍景观设计的原则和方法，融入生态文明建设、人与自然和谐发展的理念，引导学生关注绿色设计和可持续发展的设计理念，思考传统文化、人文素养及环境景观设计的有效结合；透过诗意化的语调讲述文化交融、文化碰撞，诠释传统园林的文化意象，启发学生运用联系的观点看问题，提升传统文化意识及艺术观念，树立民族文化自信与自觉。

三、复习和练习

1. 熟悉和掌握不同植物类型的手绘用线表现方式，包括乔木、灌木和草本植物的不同表现技法。

2. 运用轮廓画法、枝干画法等表现方式表现远景植物、中景植物和近景植物。

3. 选取特色景观环境空间，完成景观手绘表现效果图。要求透视准确、比例适宜，并加入必要的景观配景元素。

第6章

手绘设计表现上色基础

章节概述

    本章以马克笔为设计媒介，详细解读手绘设计表现上色的基础理论与技法知识。通过对马克笔上色方法的优势分析，围绕上色方法、常见问题、运笔技巧、画面处理方式等展开设计实训，把握马克笔的基本属性，提升马克笔的上色技巧，掌握马克笔的材质、光影表达能力。

6.1 马克笔加墨线的优势

    本书上色主要选择马克笔加彩铅的上色方式。

    马克笔有一系列的优势，尤其对于繁忙的设计师来说，它无疑是一种理想的渲染工具。马克笔是现成的工具，打开即可作画，无须费时的准备和清洗工作；马克笔的颜色保持相对恒定，且最终效果可以预知。图6-1所示为重庆来福士广场的手绘表现及上色效果。

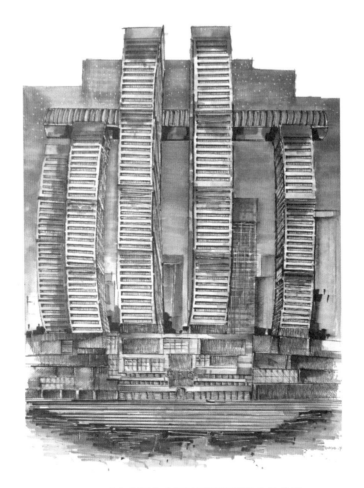

图6-1　重庆来福士广场的手绘表现及上色效果

　　这也意味着，一旦你以一定的程序渲染特定的室内或景观空间环境，你就可以一次次重复这一程序，获得相同的效果。一旦这次成功了，你再遇到此类问题就可以迎刃而解了。

　　运用墨线，它适当地补充了马克笔的效果，同时帮助马克笔克服了最主要的弱点，即无法限定和保持清晰的边缘，可以在绘出清楚的底图后再上色。图6-2～图6-6所示为使用墨线及马克笔的手绘表现效果。

图6-2　山中民宿的手绘表现及上色效果

图6-3　使用墨线的手绘表现效果示例1

图6-4　使用马克笔上色的手绘表现效果示例1

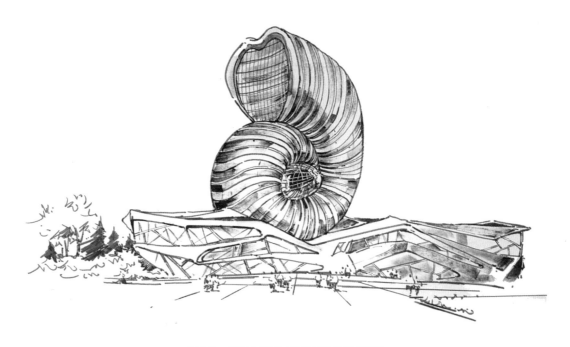

图6-5　使用墨线的手绘表现效果示例2

图6-6 使用马克笔上色的手绘表现效果示例2

6.2 马克笔的上色原理与方法

6.2.1 马克笔的上色原理

马克笔上色是通过颜色的循环叠加来取得丰富的色彩变化。

马克笔的上色通常用于快速上色，因而要做到心中有数，叠加时注意保留上一遍的颜色。

马克笔不同于传统色彩的表现流程，其更加强调上色的顺序。一般先从浅色系开始画起，再根据物体的属性与画面的效果逐步加深色彩，从而形成多层次的叠加效果，以此塑造物体的空间与材料质感效果。图 6-7 所示为马克笔笔触叠加画法示例。

图6-7 马克笔笔触叠加画法示例

6.2.2 马克笔的上色方法

这里介绍马克笔基础知识，选用的马克笔为 touch 三、四代产品。

1. 马克笔基础属性

笔触属性：宽→细（见图 6-8）。

色相分为：彩色系和灰色系（WG、CG、BG、GG，见图 6-9）。

笔触的倾斜角度决定着粗细变化。

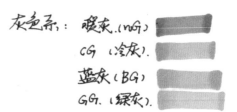

图6-8　马克笔的笔触属性　　　　　　　　图6-9　马克笔的色相（灰色系）

2. 马克笔用笔常见问题

马克笔用笔常见问题为：不能确定、犹豫不决；运笔慢、画面沉闷；起笔、收笔停顿时间过长，会形成墨点，影响效果；笔触不平直，形成了弧线；连续性不够，笔触琐碎；没有按照透视来运笔；飘线，初学者慎用。这些问题的示例如图 6-10 ～图 6-16 所示。

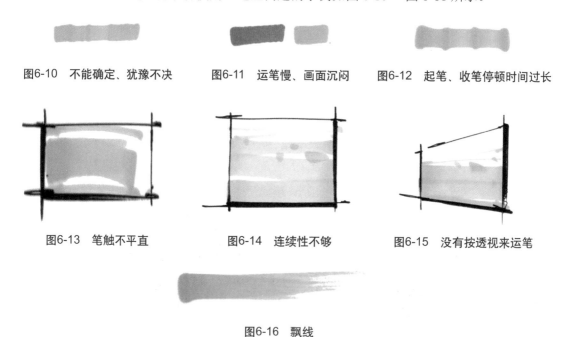

图6-10　不能确定、犹豫不决　　　图6-11　运笔慢、画面沉闷　　　图6-12　起笔、收笔停顿时间过长

图6-13　笔触不平直　　　　　　　图6-14　连续性不够　　　　　　图6-15　没有按透视来运笔

图6-16　飘线

3. 马克笔的常用笔触

马克笔的常用笔触有以下几种。图 6-17 所示为马克笔的常用笔触。

1）平移

平移是最常见的马克笔用笔技法。把笔头轻压在纸面上，快速、果断地画出，不能长时间地在纸面上停留。

2）线型表现

线型表现一般用宽笔头的笔尖来画，也可用细笔头来画；线一般用于延伸、过渡，但不可过多，多了就会显得过于乱。

3）点状表现

点主要用来处理一些特殊的物体，如植物的叶丛等，也可用于过渡或活泼画面的气氛。

4）斜推处理

斜推用于处理菱形的位置，处理不同的斜度和宽度。

5）扫笔

扫笔本身已经产生了虚实和明暗效果。在马克笔水分不足的时候，枯笔的效果最好，利于表现一些特殊的材质。

6）蹭笔

蹭笔是指用马克笔快速在纸面上来回蹭出一个面。质感过渡柔和，更加整体。

7）加重处理

加重处理通常加在阴影处、物体的暗部、倒影上、特殊材质（玻璃、镜面等）上等。加重要慎重，逐步加重，太重则无法修改，会破坏效果。

8）提白处理

提白处理一般使用修正液（大面积、高光点提白）、油漆笔（细节处理，用于光滑的材质、灯光、交界线、水体等）。

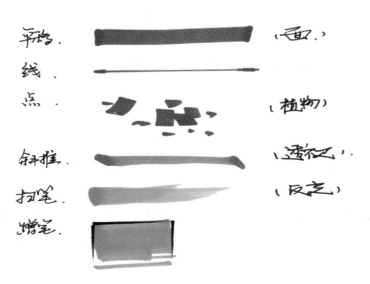

图6-17 马克笔的常用笔触

4.马克笔的运笔技巧

马克笔的运笔技巧如下。相关示例如图 6-18 所示。

1）轻

快速运笔，轻轻扫过。

2）准

做到有起有落，沿结构线准确运笔，有透视的要沿透视线来运笔。运笔是关键，运笔要干脆利落，不要拖泥带水。画长线时，用手臂带动手腕进行运笔。

3）快

运笔要快，要有节奏；快了能让人有透气的感觉，运笔过慢会显得比较沉闷。

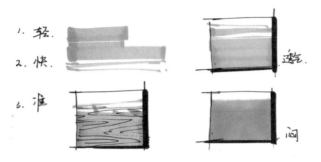

图6-18　马克笔的运笔技巧

5. 画面处理方式

画面的处理方式：实际中的满如图 6-19 所示；绘画中的满如图 6-20 所示。

图6-19　实际中的满

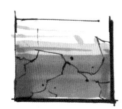

图6-20　绘画中的满

6. 运笔方向与结构的关系

马克笔的运笔方向要与物体的空间结构相结合，包括竖线、横线、斜上线、斜下线等，如图 6-21 所示。

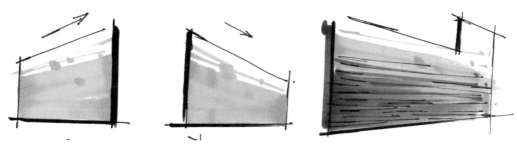

图6-21　运笔方向与结构的关系

7. 马克笔的体块、光影表现

通过使用马克笔进行体块的练习，可以熟悉画面的黑白灰关系；光影是马克笔表现不可缺少的一个因素。图 6-22 所示为马克笔面的表现（用笔方法）。图 6-23 所示为马克笔形体光影。图 6-24、图 6-25 所示为马克笔光影练习示例。

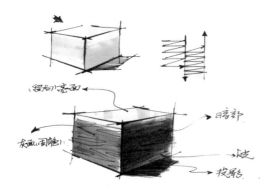

图6-22　马克笔面的表现

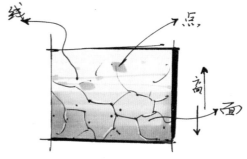

图6-23　马克笔形体光影

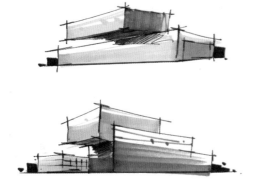

图6-24　马克笔光影练习示例1

图6-25　马克笔光影练习示例2

6.2.3　马克笔材质表现的基础练习

马克笔材质表现的基础练习如图 6-26 ～ 图 6-32 所示。

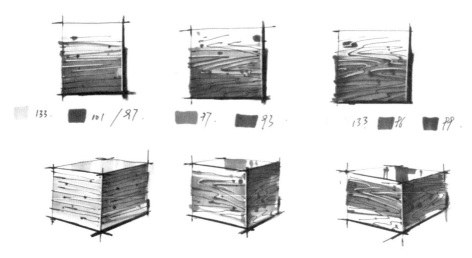

图6-26　马克笔材质表现的基础练习1

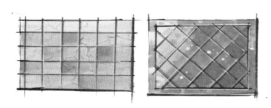

图6-27　马克笔材质表现的基础练习2

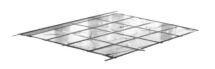

图6-28　马克笔材质表现的基础练习3

图6-29　马克笔材质表现的基础练习4

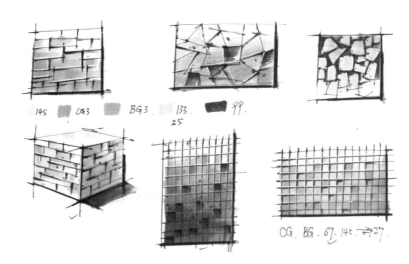

图6-30　石材、马赛克墙面的表现

图6-31　马克笔材质表现的基础练习5

图6-32　马克笔材质表现的基础练习6

一、本章要点

1. 马克笔上色的基本原理

2. 马克笔上色的基础方法

3. 马克笔材质的分类表现技法

二、课程思政设计

手绘设计表现马克笔上色的过程，其实就是运用色彩的基本原理、形式美法则等知识，提升学生的设计视野和实践创新能力，培养设计执行与协作素质；手绘设计的价值与意义是让人们的生活更美好，通过课程实践，使学生树立正确的艺术观和价值导向，建立民族传统文化自信。

"和实生物，同则不继"，意思是实现了和谐，万物即可生长发育，如果完全相同一致，则无法发展、继续；无对比，不设计。

对冬奥会中国传统二十四节气主题表演的色彩及形式美进行分析。以二十四节气的由来和季节特点分析对比形式美，探讨节气的历史由来、节气习俗、节气文化、历史价值和社会影响等；挖掘二十四节气中最能表达节气特点的图案元素、色彩规律，以设计的形式与法则为依据，对图像进行视觉解读，深层次理解中国传统文化的内涵（见图6-33、图6-34）。

图6-33　冬奥会二十四节气节目剧照1　　　　图6-34　冬奥会二十四节气节目剧照2

三、复习和练习

1. 室内空间不同材质的马克笔表现。地面材质，包括地砖、木地板、地毯等；墙面材质，包括壁纸、石材、马赛克、乳胶漆等的材质表现。

2. 软装饰材料的马克笔表现。运用马克笔材料，完成装饰绘画作品。注意色彩要和谐统一，颜色衔接自然，层次丰富，运用不同的笔触方式加以表现。

3. 景观小品的马克笔写生表现。运用马克笔的上色原理与表现流程，进行景观小品的写生实训；在固有色的色彩系统，由浅入深，叠加画法，注意不同物体的质感塑造。

第7章

手绘设计表现室内空间上色技法

章节概述

本章围绕室内空间的上色表现展开。室内空间有着不同的图纸类型，如平面图、立面图、效果图等，应掌握不同图纸的功能属性与上色技巧；其中，室内空间效果图是本章的重点，要掌握黑白灰＋马克笔表现与马克笔色彩叠加表现的表现方法，为室内快题方案表现奠定技法基础。

7.1 室内材质上色基础

7.1.1 室内地面的材质表现

室内地面常见材质有地砖、木地板、地毯等。

1. 地砖的表现

地砖是室内空间地面最常用的装饰材料，一般铺设整齐，有强烈的反光。在表现地砖时要注意倒影的表达。冰裂纹可以用签字笔和彩铅来塑造。图 7-1 所示为地砖地面的表现。

图7-1　地砖地面的表现

2. 木地板的表现

相对地砖，木地板的反光较弱，纹理相对清晰、明显。图 7-2 所示为木地板地面的表现。

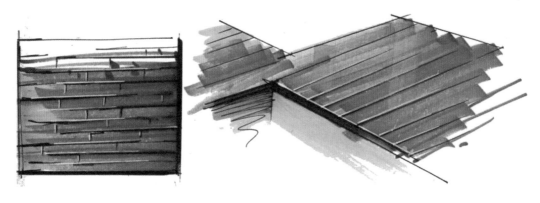

图7-2 木地板地面的表现

3. 地毯的表现

地毯一般纹路清晰,反光弱,样式多样,需要用强烈的笔触去塑造。图 7-3 所示为地毯地面的表现。

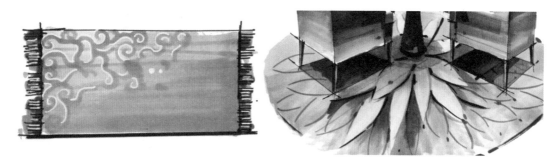

图7-3 地毯地面的表现

7.1.2 室内墙面材质表现

室内墙面常用的材质为乳胶漆、木材、石材、壁纸、软包、马赛克、玻璃等。

1. 乳胶漆材质的表现

乳胶漆一般为白色或者彩色,白色一般用冷灰或暖灰来表达。图 7-4 所示为乳胶漆墙面的表现。

2. 木制材质的表现

木制材质的表现如图 7-5 所示。

3. 石质材质的表现

石质材质的表现如图 7-6、图 7-7 所示。

4. 马赛克材质的表现

马赛克材质的表现如图 7-8、图 7-9 所示。

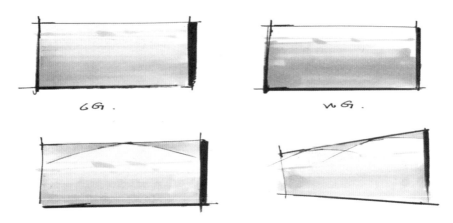

图7-4　乳胶漆墙面的表现

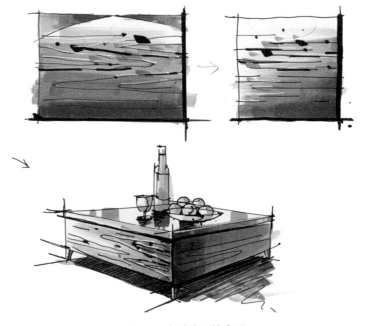

图7-5　木质墙面的表现

图7-6　石材灯光墙面的表现

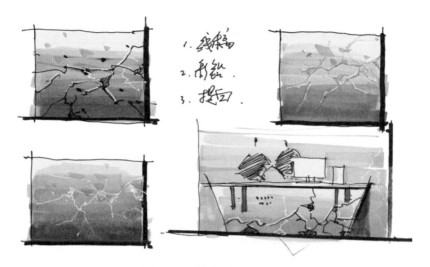

图7-7 石材效果的表现

图7-8 石材、马赛克墙面的表现1

图7-9 石材、马赛克墙面的表现2

7.2 室内家具、配饰单体的上色

7.2.1 单体家具的上色

单体家具的上色效果如图 7-10 ～图 7-12 所示。

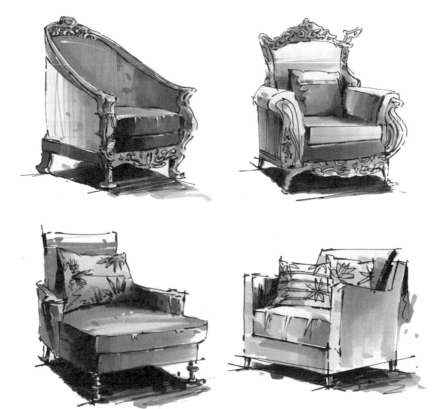

图7-10　现代风格沙发单体的上色效果1

图7-11　现代风格沙发单体的上色效果2

图7-12 沙发单体的上色效果

7.2.2 软装配饰单体的上色

软装配饰单体的上色效果如图 7-13 ~ 图 7-16 所示。

图7-13 植物单体的上色效果1

图7-14 植物单体的上色效果2

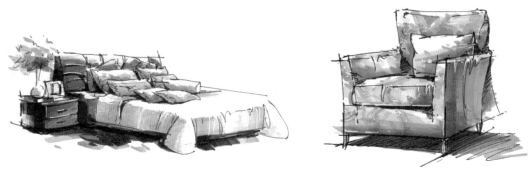

图7-15　家具配饰的上色效果1

图7-16　家具配饰的上色效果2

7.3　室内家具组合的上色

室内家具组合的上色效果如图 7-17～图 7-26 所示。

图7-17　室内客厅家具组合的上色效果1

图7-18   室内客厅家具组合的上色效果2

图7-19   室内沙发组合的上色效果1

图7-20   室内沙发组合的上色效果2

图7-21　室内沙发组合的上色效果3

图7-22　餐厅玻璃材质的上色效果

图7-23　客厅家具组合的上色效果1

图7-24　客厅家具组合的上色效果2

图7-25　餐厅家具组合的上色效果1

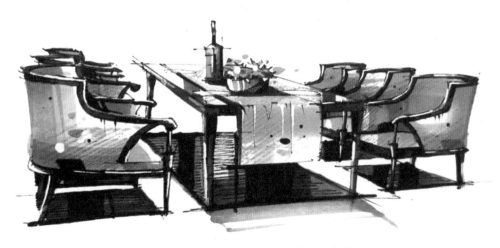

图7-26　餐厅家具组合的上色效果2

7.4 室内空间的上色效果

7.4.1 黑白灰关系+马克笔表现

1. 物体灰面、暗部和投影处选择中性灰系列

要先从灰面画起，使用灰色系列 WG、CG、BG、GG，有利于控制画面物体的结构关系和整体画面的空间透视关系。

在上色之前，画面整体关系先强调出来，以便给进一步着色提供充分考虑的时间和条件。

暗部和投影，可用叠加法画出层次，可用同一支笔叠加，也可为同系不同型号的叠加（见图 7-27）。

注意：选择冷灰或是暖灰与画面的整体色调有关。

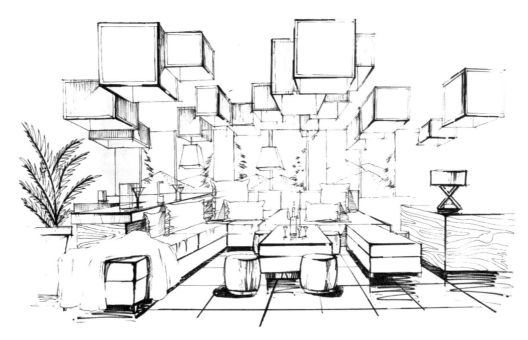

图7-27 室内空间完成线稿阶段的效果

2. 同类色的叠加

马克笔中，冷色与暖色系列按顺序都有相对比较接近的颜色，刻画受光物体的亮面、灰面色彩时，先选同类颜色中稍浅一点的颜色，然后再画深一层次的颜色。

在物体受光边缘处留白，然后再用同类稍重的颜色叠加，这样物体同一个受光面会出现三个层次（见图 7-28）。

建议：刚开始时，可先用马克笔画出物体的暗部和投影，然后用彩铅画出不同的固有色，（即画灰部和暗部）画熟之后再过渡到马克笔。

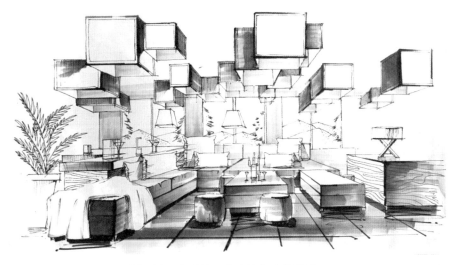

图7-28 完成第一遍中性灰阶段的效果

3. 灰部塑造与亮部留白

物体亮部留白，暗部色彩要单纯统一，重点强调物体的灰部。

马克笔颜色较纯，画面必须留有一定空间的白色用来调节画面，同时又能表达空间光感和物体质感。

切记：注意留白，否则画面会过闷、过艳；暗部、投影处，色彩尽可能统一。

画面的整体色彩关系：主要（受光处的不同色相的对比＋冷暖关系＋亮部留白等）＋次要（暗部＋投影）

暗部和投影处，可用较重的线，这样处理能加强画面的整体素描结构关系，丰富画面处理（见图7-29）。

图7-29 完成同类色叠加阶段的效果

4. 高纯度颜色使用规律

高纯度颜色不可不用，但要慎重，用好则画面丰富，否则会杂乱无章。

画面结构关系复杂时，投影关系也随之复杂，此时，高纯度颜色要少用，不要面积过大、色相过多。

画面结构形象较简单时，投影关系单一，这时，可用丰富的色彩调节画面（见图7-30）。

图7-30　加入高纯度颜色阶段的效果

5. 画面的整体调整

在受光处或高反光处提取白线、点高光。这是手绘的画龙点睛的一步，根据画面的具体情况，可在受光处提取白线或点高光。

作用：强调物体受光状态，使画面生动，强化结构关系。

加入彩铅，柔和画面，调整整体色调和加入灯光效果（见图7-31）。

图7-31　完成阶段的效果

7.4.2 马克笔色彩叠加表现

室内空间完成线稿如图 7-32 所示。

图7-32 室内空间完成线稿阶段的效果

1. 从物体亮部及灰部开始画起（固有色、浅色系、灰色系）

先对画面铺整体的色调关系，选择物体固有色中浅色系的马克笔来画，亮部要注意留白，用笔要整体，用最少的笔触塑造出形体。

建立色彩关系，把画面的整体层次关系建立起来（用笔要规整），如图 7-33 所示。

注意：用相对应的固有色中较浅的颜色表达，通常用在物体的投影、暗部、转折、反光及对比较强的地方；深色灰要选择不同的色相。

图7-33 固有色系浅色铺设阶段的效果

2.用固有色进一步塑造，画出物体的灰面及暗面

越是受光部分，物体的颜色相对越饱和。

选择物体的固有色，由灰面开始用笔。用笔要大胆果断，不可过碎，并注意用笔的方向。

物体的暗部可以直接压灰色，也可选择更深的色彩来塑造，但饱和程度要弱于固有色（灰色）位置。

要注意留白，保留第一遍的颜色，使画面的层次更丰富。完成这一阶段的效果如图 7-34 所示。

图7-34　完成固有色塑造阶段的效果

3.刻画物体的细节，使画面更富有冲击力，使层次更加丰富

强调物体的细节，如反光处、转折处；对于物体的反光，要根据物体的物理属性来表达，如金属、石材、玻璃等。

用笔可适当细致，对于较大的面要敢于增加层次。完成这一阶段的效果如图 7-35 所示。

4.画面的整体调整

整体调整画面，使物体在变化中统一。

提白。一般在受光最多的地方、光滑材质的纹路，物体的转折、光滑物体的反光、树枝枝干处进行提白处理。

加入彩铅（宁缺毋滥）。

一般用于灯光处、色彩的过渡处、材质的过渡处、材质的细节（如石材纹理等）处。完成阶段的效果如图 7-36 所示。

图7-35　完成细节刻画阶段的效果

图7-36　完成阶段的效果（郑峰绘）

7.4.3　室内效果图欣赏

可供欣赏的几个室内效果图如图 7-37 ～图 7-42 所示。

图7-37　客厅透视效果图1（韩文芳绘）

图7-38　客厅透视效果图2（韩文芳绘）

图7-39 公共空间透视效果图

图7-40 书房透视效果图

图7-41　室内空间效果图（郑峰绘）

图7-42　公共空间效果图（郑峰绘）

7.5 室内空间平面图、立面图的上色

7.5.1 室内平面图的上色

室内平面图的上色如图 7-43 ～图 7-45 所示。

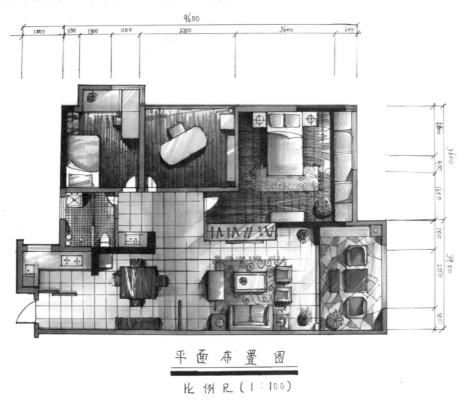

图7-43 室内平面图的上色效果1

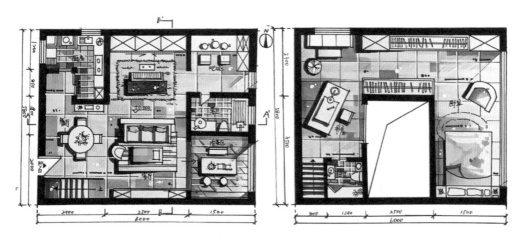

图7-44 室内平面图的上色效果2

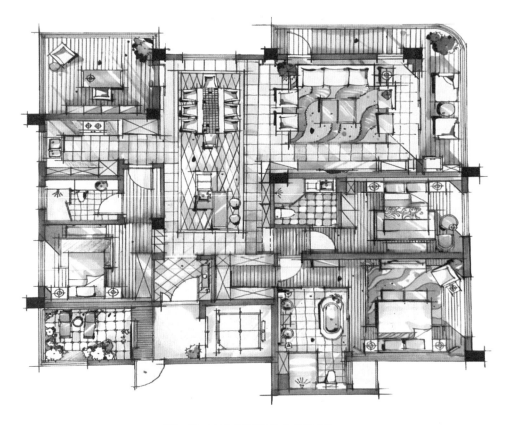

图7-45　室内平面图的上色效果3

7.5.2　室内立面图的上色

室内立面图的上色见图 7-46 ～图 7-48。

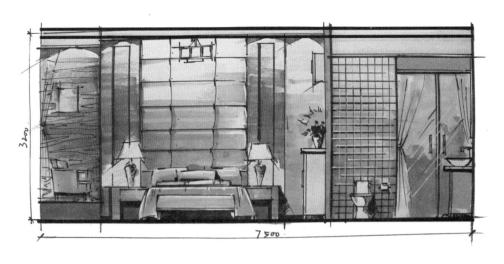

图7-46　室内立面图的上色效果1

图7-47　室内立面图的上色效果2

图7-48　室内立面图的上色效果3

一、本章要点

1. 室内家具、配饰单体上色技法

2. 室内家具组合上色技法

3. 室内空间效果图上色表现技法

4. 室内平面图、立面图上色技法

二、课程思政设计

　　室内空间手绘设计表现及上色看似复杂而具有一定的难度，实则有其技法规律，只要我们能够认识其深刻的内在结构规律，其技法问题就会迎刃而解了。

出自《庄子·养生主》的"庖丁解牛"的故事，就是告诉我们要达到对事物深刻、细致的了解，就必须掌握事物的基本规律，通过反复的练习与实践，最终达到熟能生巧的境界。

庖丁解牛的技术出神入化，十九年解了数千头牛。"彼节者有间，而刀刃者无厚；以无厚入有间，恢恢乎其于游刃必有余地矣"，庖丁说"道也、进乎技也"。这里的"道"，可以理解为对人生的追求，也可理解为规律。庄子在此提出以技体道，以技悟道，即通过现实生活中某项技艺进行感悟。引导学生通过学习技法体察艺术之"道"，进而感悟人生大道；同学们一旦进入"道"的状态，便不会觉得手绘技法练习枯燥，而是会主动探寻其内在规律，进而不断提升自己的艺术思想和实践技能。

三、复习和练习

1. 室内家具、配饰的组合上色表现。选择不同设计风格的家具形式，进行室内家具、配饰的上色表现练习。

2. 运用马克笔的黑白灰关系＋马克笔彩色关系的表现形式，完成室内空间环境效果图。

3. 运用马克笔的彩色直接上色画法，完成室内空间环境效果图。

第8章

手绘设计表现景观空间上色技法

章节概述

景观手绘草图是表达设计理念、表达方案结果的"视觉语言"，草图直接反映构思的过程；它往往是不可预知的，是原创的灵魂所在，通过头脑风暴与创意构思，能快速地记录你分析和思考的过程和内容，实现从设计草图到方案的过程。

8.1 景观材质的上色基础

8.1.1 景观山石、石材的表现

景观中，山石和石材是很常见也是必要的景观设计元素。

1. 山石的表现

手绘表现时，要根据山石本身的材质属性与色彩选择合适的马克笔材料进行表现。受到光照的影响，山石的本身会呈现出不同的冷暖关系，一般受光的部分呈现为暖色调，背光和投影部分表现为冷色调。图8-1～图8-4所示为石头的表现。

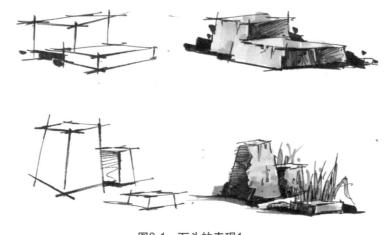

图8-1 石头的表现1

图8-2 石头的表现2

图8-3 石头的表现3

图8-4 石头的表现4

2. 石材的表现

石材一般分为光滑的石材和粗糙的石材。

1）光滑石材的表现

光滑石材的表现（见图 8-5、图 8-6）要点如下。

图8-5 光滑石材的表现1

图8-6 光滑石材的表现2

（1）要化零为整，从整体出发。

（2）石材细部的刻画要注意光影、明暗、主次和虚实关系。

（3）注意光滑石材的质感表现，要特别强调反光效果。

（4）冷暖关系：暖色调多用于亮面和受光部分，暗面一般表现为冷色调。

2）粗糙石材的表现

粗糙石材，又被称为毛石，指表面粗糙、肌理明显、纹理清晰的石材类型。粗糙石材的表现（见图8-7、图8-8）要注意以下几点。

（1）画之前要确定毛石的基本色调，在基本色调中去强调不同的色彩关系。

（2）确定明暗关系后，对起伏较大的形体加以强调，以突出毛石的视觉效果。

（3）注意强调石块之间的穿插关系，用粗线强调起伏。

图8-7　毛石的表现

图8-8　石屋的效果图（郑峰绘）

8.1.2　植物材质的色彩表现

景观中的植物包括乔木类、灌木类、地被植物等。其中最主要也最难表达的是乔木类型。

乔木类型丰富，按照表现分为远景植物表现、中景植物表现和近景植物表现。

中、远景植物的色彩表现，要充分理解乔木的基本形态结构，色彩笔触的运用要大胆、概括，可以用点笔、蹭笔等上色手法；在此基础上，可以画一些精细的植物，例如近景类植物的表现，应把植物的树冠形态、树干画得清晰一些，甚至表现叶子的细节，把握植物的树种特性。图 8-9、图 8-10 所示为乔木的表现。

图8-9　乔木的表现1

图8-10　乔木的表现2

植物上色时，要考虑光线的影响，受光部分可以运用偏暖色或黄色调的色彩，背光面的色彩则要用偏深色和冷色。近景植物的色彩表现要明快、对比要丰富、色彩偏黄绿色；中远景植物受到光线和空间透视的影响，颜色选用蓝、灰色调为主，有利于增加空间层次和透视效果。图8-11、图8-12所示为灌木和草本植物的表现。

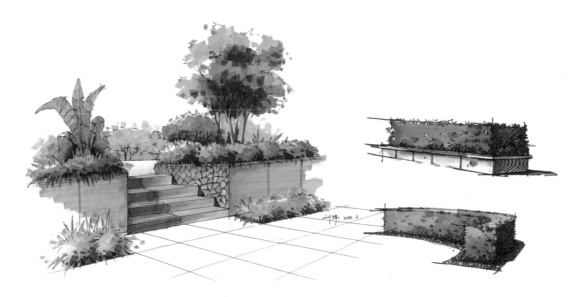

图8-11　灌木的表现

图8-12　草本植物的表现

8.1.3　景观空间设施的表现

景观中的种植设施包括树池、花池、花钵、种植盆、容器等。

景观设施要注意种植池与植物材料的相互关系，植物为主，容器为辅，形成强烈的色彩对比关系；景观设施的表现要注意其透视空间关系，与植物的随意、自然形成对比，保证了实用性的同时，又增加了景观空间的艺术性和观赏价值。图 8-13 ～图 8-18 所示为几种景观设施的表现。

图8-13 景观鸟屋的表现（郑峰绘）

图8-14 景观渔屋的表现（郑峰绘）

图8-15　景观构筑物的表现（郑峰绘）

图8-16　山地吊脚楼的表现（郑峰绘）

图8-17　景观树屋的表现（郑峰绘）

图8-18　山地木屋的表现（郑峰绘）

8.1.4 景观水景的表现

水呈现为液态，依靠其他材料，如容器、山石等来限定其基本形态，所以，水一般会与石头、植物等材料共同表达。

水本身没有颜色，但是会因为周边的环境色而影响水的颜色，所以，画水的时候要找环境色。水的透明度是通过表现透过水能看到的物体而表达出来。要找到物体在水中的倒影，通过加重物体的倒影来强调水的质感。水按形态可分为静水和动水两大类型：静水通过水中的倒影表现；动水，可以表现水的流淌形态，并借助涂改液来添加水花效果，使水显得更加生动。图 8-19 所示为景观水景的表现。图 8-20 ～图 8-23 所示为景观场景的黑白稿及上色效果。

图8-19　景观水景的表现

图8-20　景观场景的黑白稿1

图8-21　景观场景的上色表现1（郑峰绘）

图8-22　景观场景的黑白稿2

图8-23　景观场景的上色表现2（郑峰绘）

8.2　景观小品、组合的上色

8.2.1　景观小品的表现

景观小品的表现如图 8-24 ～图 8-27 所示。

图8-24　景观小品的表现1

图8-25　景观小品的表现2

图8-26　景观小品的表现3

图8-27　景观组合的表现

8.2.2　景观构筑物的表现

景观构筑物的表现如图 8-28～图 8-31 所示。

图8-28　景观墙的表现

图8-29　景观构筑物的表现1

图8-30　景观构筑物的表现2

图8-31　景观构筑物的表现3

8.3　景观效果图上色表现

8.3.1　景观效果图色彩叠加表现

1. 从景观空间的亮部及固有色展开

从建筑、构筑物等硬质景观起笔，亮部要注意留白，用笔要整体，用最少的笔触塑造出景观整体基调。

建立起整体景观空间的色相关系，用笔要规整；明确色彩层次，色彩选择固有色中浅色系进行表现。

固有色要选择准确，一般先从固有色中的浅色开始，以此确定景观元素的不同色相；通常在物体的投影、暗部、转折、反光及对比较强的地方用相对应的深色灰来表现。图8-32所示为景观完成线稿阶段的效果。图8-33所示为固有色系浅色铺设阶段的效果。

2. 固有色进一步塑造，画出物体的灰面及暗面

越是受光部分，物体的颜色相对越饱和。

选择物体的固有色，由灰面开始用笔。用笔要大胆、果断，并注意用笔的方向。

物体的暗部可以直接用灰色，并可选择更深的色彩来塑造，但饱和程度要弱于固有色。

注意保留第一遍的颜色，不可完全叠加，以此形成画面的丰富层次。完成这一阶段的效果如图8-34所示。

图8-32　景观完成线稿阶段的效果

图8-33　固有色系浅色铺设阶段的效果

图8-34　固有色进一步塑造阶段的效果

3. 细节处理，使画面更具冲击力，层次更丰富

强调景观元素的细节处理，如反光处、转折处；用笔可适当细致，对于较大的面要敢于增加层次。

加入景观空间中物体的反光。对于物体的反光，要根据物体的物理属性来表达，如金属、石材、玻璃等。完成这一阶段的效果如图 8-35 所示。

4.画面的整体调整

整体调整画面，使物体在变化中统一。

提白调整。一般在受光最多的地方、光滑材质的纹路处进行提白调整，如物体的转折、光滑物体的反光、树枝枝干等处。

图8-35 整体塑造、细节刻画阶段的效果

加入彩铅（宁缺毋滥）。一般用于灯光处、色彩的过渡处、材质的过渡处、材质的细节处，如石材纹理等。图 8-36 所示为完成阶段的效果。

图8-36 完成阶段的效果（郑峰绘）

8.3.2　景观空间效果图案例

景观空间效果图案例如图 8-37 ～图 8-48 所示。

图8-37　海边酒店效果图（郑峰绘）

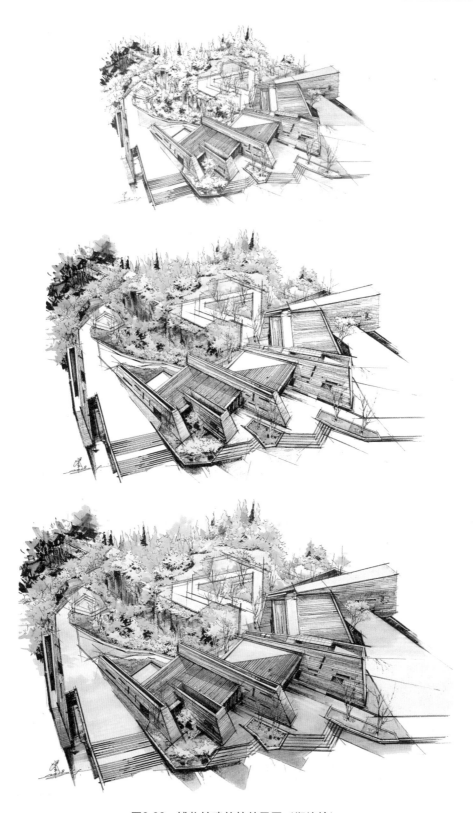

图8-38　博物馆建筑的效果图（郑峰绘）

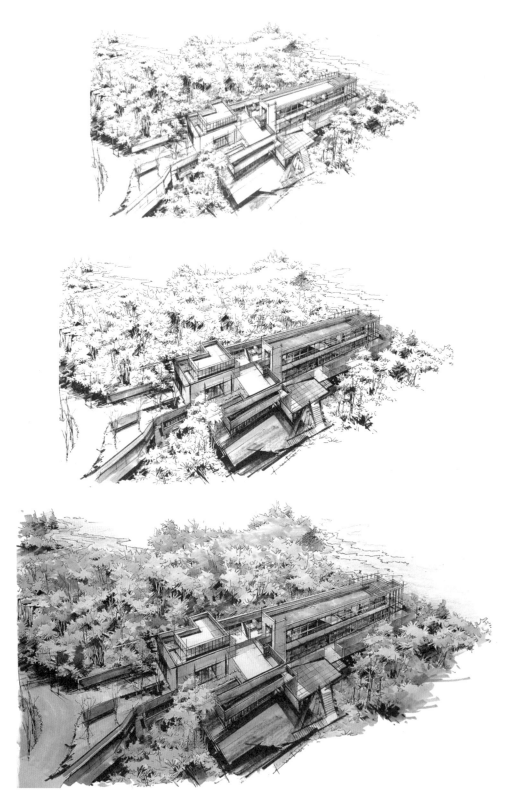

图8-39　林中小筑的效果图（郑峰绘）

图8-40　民宿小院的效果图（郑峰绘）

图8-41 林中民宿的效果图（郑峰绘）

图8-42　校园建筑景观的效果图（郑峰绘）

图8-43　码头建筑的效果图（郑峰绘）

图8-44　阳光休闲建筑的效果图（郑峰绘）

图8-45　马克笔写生《废墟系列一》（郑峰绘）

图8-46　马克笔写生《废墟系列二》（郑峰绘）

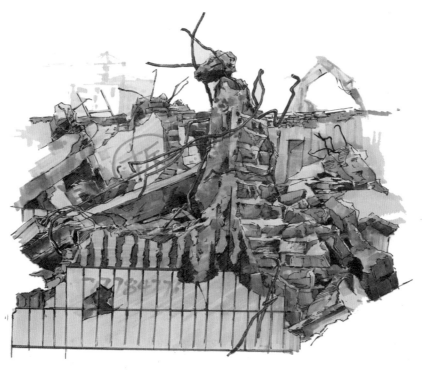

图8-47 马克笔写生《废墟系列三》（郑峰绘）

图8-48 马克笔写生《废墟系列四》（郑峰绘）

8.4　景观平面图、立面图、鸟瞰图的表现

8.4.1　景观平面图的表现

景观平面图的表现如图 8-49～图 8-54 所示。

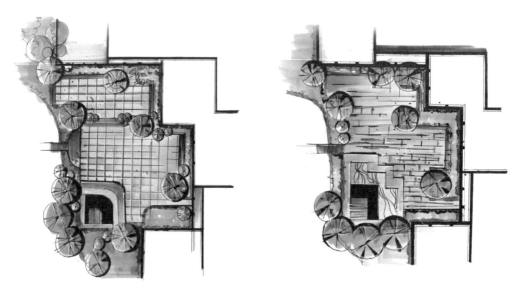

图8-49　景观平面图的表现（一、二）（郑峰绘）

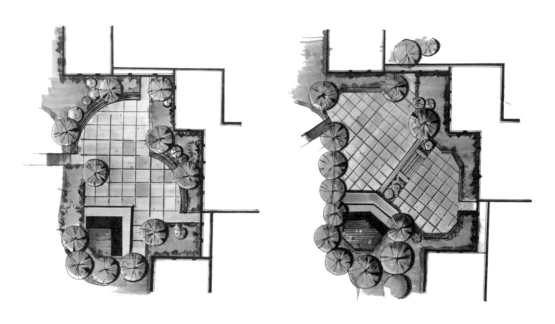

图8-50　景观平面图的表现（三、四）（郑峰绘）

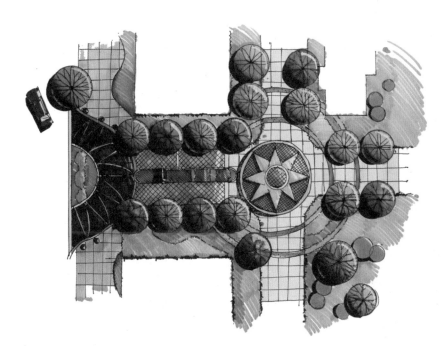

图8-51　景观平面图的上色效果1（陶志诚绘）

图8-52　景观平面图的上色效果2（陶志诚绘）

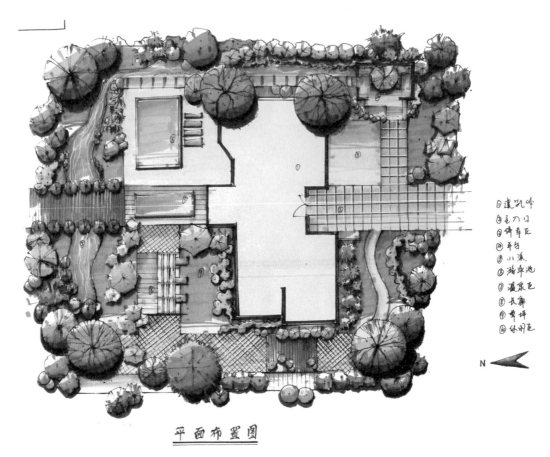

平 面 布 置 图

图8-53 景观平面图的上色效果1（学生作品）

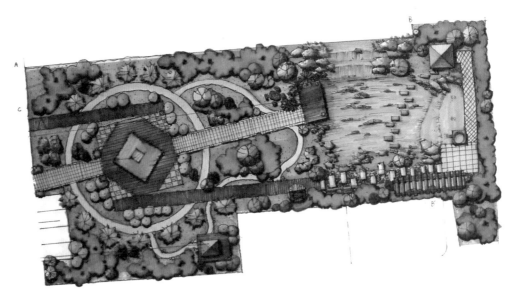

图8-54 景观平面图的上色效果2（学生作品）

8.4.2　景观立面图的表现

景观立面图的表现如图 8-55 ～图 8-58 所示。

图8-55　景观立面图的上色效果1（郑峰绘）

图8-56　景观立面图的上色效果2（郑峰绘）

图8-57　景观立面图的上色效果3（郑峰绘）

图8-58　景观立面图的上色效果4（郑峰绘）

8.4.3　景观鸟瞰图的表现

景观鸟瞰图的表现如图 8-59 ～ 8-62 所示。

图8-59 景观鸟瞰图的表现1

图8-60 景观鸟瞰图的表现2

图8-61 景观鸟瞰图的表现3

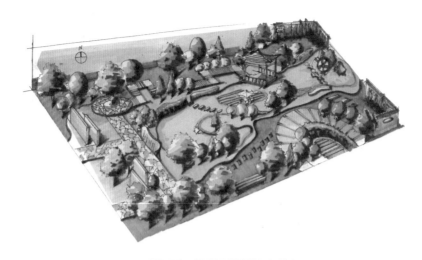

图8-62　景观鸟瞰图的表现4

一、本章要点

1. 景观小品、组合的上色

2. 景观效果图的上色表现技法

3. 景观平面图、立面图、鸟瞰图的上色

二、课程思政设计

在我国传统文化中，蕴含着与现代可持续发展资源观相一致的思想观念。国学经典中的"天人合一""道法自然"与景观空间环境的设计规律有着天然的联系。景观设计的目标就是将自然要素与人工要素相结合，以求达到自然与设计的和谐统一。

儒家经典《论语》中的"比德"思想，如"智者乐水，仁者乐山"，主张从伦理品格的角度观照自然。子谓《韶》："尽美矣，又尽善也。"因为《韶》表现的是尧舜禅让的乐曲，孔子评价其"尽善尽美"，今天可理解为景观设计不但形式要好，内容也要好，它反映了中国人传统的审美价值倾向，体现了设计应符合真、善、美的核心思想。

引导学生在景观设计中，要摒弃纯粹的形式主义、不计成本的拜金主义，以低碳、绿色的环境生态设计理念为目标，使作品反映时代的需求与美好的精神指向。

三、复习和练习

1. 景观植物的马克笔上色表现，包括乔木类植物、灌木类植物及草本植物的表现。

2. 选取特色景观空间环境，进行景观空间手绘马克笔表现。要求线稿清晰、准确，色彩关系和谐，色调统一，能够熟练掌握马克笔的基本上色技法。

3. 景观空间鸟瞰图的上色表现。根据景观平面图纸，完成景观空间鸟瞰图的空间的手绘线稿表达及马克笔的上色表现。

第9章

手绘设计表现之快题设计

 章节概述

快题设计是设计快速表达的一种理想图纸表现形式，是从文字说明到图纸表达的一种设计形式，是以手绘的形式来展示设计的成果。

9.1 快题设计概述

9.1.1 快题设计的概念

快题设计又称快速设计，是指在较短的时间内根据一定的设计任务（室内设计、景观设计等）完成设计方案的构思及表达，是从方案立意、草图方案、方案拓展到图纸表达的过程，要求能够完整、清晰地表达设计意图及空间尺度，是以手绘设计形式来展示设计构思的成果。

快题设计所用时间较短，要在一定的时间内针对设计任务，快速构思，完成方案的平面图、立面图、透视效果图等的表现，要求完成一套整体的设计方案，既考查设计人员的设计创新的能力，也考查手绘的实践技术能力。图9-1所示为快题设计方案示例。

图9-1　快题设计方案示例1（学生作品）

目前，快题设计这种手绘设计表现形式广泛运用于高校艺术类专业的设计课程教学之中，大部分设计类院校硕士研究生入学招生考试、设计类企业招聘等也常常采用这种形式考查设计人员的综合设计能力。可以说，快题设计不仅考查设计者的设计创新能力，也能有效反映被考查者的手绘基本功和应变能力，是一个理想的综合手绘设计能力的考查方式。图 9-2 所示为快题设计方案示例。

图9-2　快题设计方案示例2（学生作品）

9.1.2　快题设计的特点

1. 创意构思定位

快题设计能够快速反映设计者的创意构思，是对设计方案的总体呈现、文脉表达、设计形式、功能性分析等主要问题进行创意定位；它能够有效反映出设计人员所要具备的理论知识和手绘表达能力。

2. 快速设计表现

快题设计强调"快"字，包括审题快、把握设计快、创意构思快、草图表现快、设计方案完成快等，这就要求设计人员有着良好的手绘基础。

3. 可读性强

快题设计要求方案的手绘表达准确、表达清晰、可读性强；手绘表现的好坏，直接影响着快题设计质量的优劣，影响着设计方案的表达。

4. 设计特点突出

快题设计表现形式多样，图纸整体性强，设计亮点突出；设计过程中要有选择性地表达设计整体方案的特点、风格及设计的亮点等。

9.1.3 快题设计的方法与步骤

1. 明确设计任务

设计任务书是设计的起始阶段。设计任务书一般是由业主、设计甲方或设计单位交予的设计任务清单，我们要首先解读它，从中提取、分析有效的信息。任务书中的内容是我们设计的直接依据，其中蕴藏着丰富的内涵，如设计场地的历史人文条件、区域文化特色、不同设计风格等，这都是我们需要从任务书解读出来的，是对设计密码的解码过程。

2. 提炼设计主题

设计主题是整个设计的中心思想和灵魂，在快题设计中，通过对空间的设计可以直接或间接地将设计主题进行呈现，传递给受众，从而产生一定的思想共鸣和设计认同。

主题可以是抽象的、理念的、理想的、创意的，也可以是具体的、场地（环境因素）的、设计的"在地性"的体现。大家要通过解读设计任务书，合理地进行设计分析，挖掘设计内涵，根据设计空间的要求或场地的自然地理、历史人文环境提炼出恰当的设计主题。

3. 收集设计资料

要根据设计主题进行广泛的设计素材收集，当然，选择优秀的案例作为借鉴也是必不可少的一项内容，这是一个提升审美、了解设计前沿的过程。

在方案前期，可以将收集的素材用手绘的形式表现出来，既能强化记忆，还能提升手绘技能，为后期快题设计打下坚实的基础。

收集素材是快题设计中的一个重要环节，它需要一个长期积累的过程，素材积累得越丰富，越有利于方案的设计表现。大家应关注最新设计资讯与动态，积累不同主题的素材资料，渠道包括网络、书籍、生活空间等。

4. 元素提取运用

设计的灵感源于设计师多年的积累与经验，这不可能一蹴而就，因此，必须加强设计实践和知识的积累，尤其是在好的设计案例中提取优秀的设计元素。在这方面，必要的"设计抄绘"是一个非常好的积累渠道，这是能够让我们快速、有效地掌握元素运用规律、提升设计审美的重要方式。

设计元素可以直接借鉴生活中的主题元素，当然更高级别的设计是对素材的重组、转换和再创造，充分发挥主观能动性。

9.1.4 快题设计基本规范

设计规范是指对设计的具体技术要求，是设计工作的基础规则，一般包括总体目标的技术描述、功能的技术描述、技术指标的描述以及限制条件的描述等内容。制图规范、设计尺度等这些最基本的设计要求决定着图纸的专业性、可行性和合理性。

　　设计规范主要包括《住宅室内装饰装修设计规范》《风景园林制图标准》《城市绿地设计规范》等。它们一般是由中华人民共和国住房和城乡建设部发布的行业标准，规范适用于全国新建、扩建和改建、修复的各类设计，目的是确保设计的整体质量，对设计的各方面都有着详细的设计规定。以 ISO 开头的标准是国际上统一制定的标准；GB 开头的标准为我国的国家标准。

　　在此，需要重点强调以下相关设计规范内容。

1. 图幅幅面与格式

　　图纸是一种重要的技术文件，是用来交流和指导施工的设计语言。为了更好地制图、读图、识图，对于图纸的大小、尺寸标注等都有明确的规定。图幅是图纸的基本尺寸，制图时，所选用的图幅尺寸应符合表 9-1 中的规定。图幅幅面如图 9-3 所示。

表9-1　基本图幅尺寸表（mm）

尺寸代号	A0	A1	A2	A3	A4
$b×l$	841×1189	594×841	420×594	297×420	210×297
a	25				
c	10				5

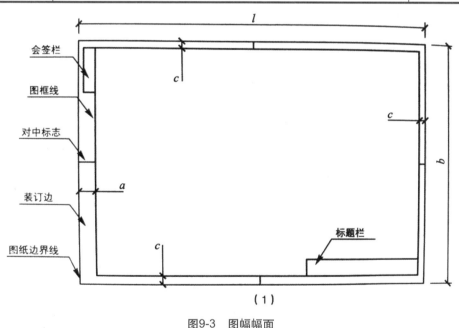

（1）

图9-3　图幅幅面

　　标题栏一般位于图纸的右下角，读图方向与标题栏方向一致。国家标准规定了标题栏的组成，一般包括设计单位名称区、工程名称区、图名区、签字区、图号区等内容。其长度一般为 200mm，高度为 30～40mm，具体尺寸和格式内容可根据工程的需要进行调整。标题栏外框用粗实线绘制，内框用细实线绘制，如表 9-2 所示。

表9-2　标题栏格式

设计单位名称						
审定	（实名）	（签名）	（日期）	（工程名称）	设计号	
审核				图名	图别	
设计					图号	
制图					日期	

2. 设计图线类型

在国标中，对图线的线型、尺寸和画法都分别做了相应的规定。图线的宽度根据图样的类型和尺寸大小，在0.35、0.5、0.7、1.0、1.4、2.0线宽中选定粗实线的宽度b，其他图线的粗细应以所用粗实线宽度b为标准来确定，粗线、中粗线和细线的宽度比率为4：2：1。在同一图纸中，同类图线的宽度应该相一致。图线及用途如表9-3所示。

表9-3　图线及用途

名称		线型	线宽	用途
实线	粗实线		b	1.景观建筑立面图的外轮廓线； 2.平面图、剖面图中被剖切的主要建筑构造的轮廓线； 3.景观构造详图中被剖切的主要部分的外轮廓线； 4.构件详图的外轮廓线； 5.平、立、剖面图的剖切符号； 6.平面图中的水岸线
	中实线		0.5b	1.剖面图中被剖切的次要构件的轮廓线； 2.平、立、剖面图中园林建筑构配件的轮廓线； 3.构造详图及构配件详图中的轮廓线
	细实线		0.25b	尺寸线、尺寸界线、图例线、索引符号、标高符号、详图材料做法引出线等
虚线	粗虚线		b	1.新建筑物的不可见轮廓线； 2.结构图上的不可见钢筋及螺栓线
	中虚线		0.5b	1.一般不可见轮廓线； 2.建筑构造及建筑构配件不可见轮廓线； 3.拟扩建的建筑物轮廓线
	细虚线		0.25b	1.图例线、小于0.5b的不可见轮廓线； 2.结构详图中不可见钢筋混凝土构件轮廓线； 3.总平面图上原有建筑物和道路、桥涵、围墙等设施的不可见轮廓线
单点划长线	粗		b	结构图中的支撑线
	中		0.5b	土方填挖区的零点线
	细		0.25b	分水线、中心线、对称线、定位轴线
双点长划线	粗		b	1.总平面图中用地范围，用红色，也称"红线"； 2.预应力钢筋线
	中		0.5b	见各有关专业制图标准
	细		0.25b	假想轮廓线成型前原始轮廓线
折断线			0.25b	折断界线

3. 设计制图标准

1) 指北针

指北针与风向玫瑰图可一起标绘，也可单独标绘。当规划区域分成几个组团并有不同的风向特征时，应在相应的图上绘制各组团所在地的风向玫瑰图，或用文字标明该风向玫瑰图的适用地域。风向玫瑰图绘制应符合现行行业标准《城市规划制图标准》CJJ/T 97 的相关规定。

指北针的形状应为圆形，内绘制指北针，圆的直径宜为24mm，用细实线绘制；指针尾部的宽度宜为3mm，指针头部应注"北"或"N"。需用较大直径绘制指北针时，指针尾部的宽度宜为直径的1/8（见图9-4）。

风向玫瑰图也能表明房屋和地物的朝向情况，在建筑总平面图上，通常应绘制当地的风向玫瑰图（见图9-5）。所以在已经绘制了风向玫瑰图的图样上不必再绘制指北针。

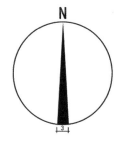

图9-4 指北针图标

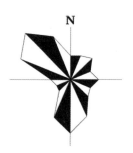

图9-5 风向玫瑰图

2) 设计红线

设计红线一般是指各种用地的边界线（见图9-6），有时也把确定沿街建筑位置的一条建筑线谓之红线，即建筑红线。设计、红线可与道路红线重合，也可退于道路红线之后，但绝不许超越道路红线，在建筑红线以外不允许建任何建筑物。设计、红线是城市环境的场地范围、尺度，是景观设计的范围标准。

图9-6 设计红线

3) 设计制图比例

比例尺的制作应符合现行行业标准《城市规划制图标准》（CJJ/T 97—2003）的相关规定。比例一般分为数字式比例尺和线段式比例尺两种表达方式，如图9-7所示。

数字式比例尺：用数字比例式或分数式表示比例尺的大小，如 1 ： 500 或者表达为 1/500。

线段式比例尺：在图纸上用线段表示比例，比例大小 = 图上距离 / 实际长度。

4）绝对坐标与相对坐标

绝对坐标以我国山东省青岛市黄海海平面夏季平均海平面的高度为参考基准。

相对坐标一般以水平面或地平面为场地的标高基准面。在公园景观设计中一般用相对坐标进行标高，以区域内的水平面或最低地平面高度为基准。

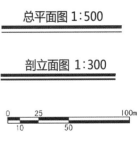

图9-7　设计比例

5）设计标注

（1）内容标注：一般用文字＋引线的形式表达。

引线：用引线引出需要标注的区域或位置。

文字内容：重点标注设计内容，包括功能区、景观节点等。

（2）标高：一般分为绝对坐标标高和相对坐标标高。

6）剖切符号

剖切符号应符合下列规定：剖视的剖切符号应由剖切位置线及剖视方向线组成，均应以粗实线绘制；剖切位置线的长度宜为 6～10mm；剖视方向线应垂直于剖切位置线，长度应短于剖切位置线，宜为 4～6mm；断面的剖切符号应只用剖切位置线表示，并应以粗实线绘制，长度宜为 6～10mm；剖切符号的编号宜采用粗阿拉伯数字，按剖切顺序由左及右，如图 9-8 所示。

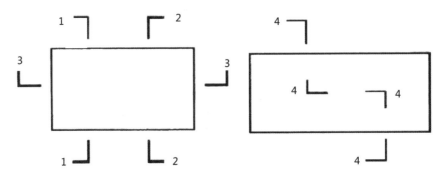

图9-8　剖切符号

7）设计图名

各类成图都需要对应图名进行标注、标识，以确定景观图纸的相关类型。

图名一般由设计图名＋设计比例＋双下划线共同组成，下划线一粗一细，长度适中即可（见图 9-9）。

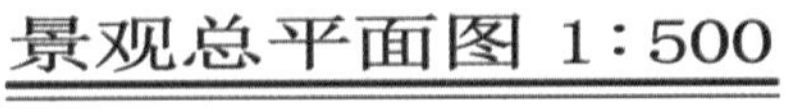

景观总平面图 1：500

图9-9　设计图名

8）内视符号：索引符号

室内立面图的内视符号应注明在平面图上的视点位置、方向及立面编号（见图9-10）。符号中的圆圈应用细实线绘制，可根据图面比例圆圈直径选择 8 ～ 12mm。立面图编号宜用拉丁字母或阿拉伯数字。

单面内视符号

双面内视符号

四面内视符号

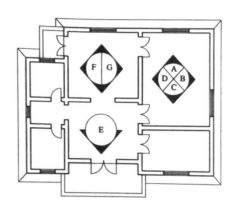

带索引的单面内视符号

带索引的四面内视符号

图9-10　索引符号

9）字体设计

字体所涉及的内容包括：汉字、数字及字母。它们的结构形式和基本尺寸在国标中都有规定。字体的高度即为字体的号数，汉字应写成长仿宋体，汉字的高度约等于宽度的 2/3，其书写要领为"横平竖直、注意起落、结构匀称、填满方格"。

字母和数字可写成斜体或直体，数字和汉字同行书写时，其大小应比汉字小一号，且应用正体字（见图9-11）。

图9-11　仿宋字体设计

9.1.5 快题设计的注意事项

快题设计的学习不是一蹴而就的，需要有一个学习的过程：既要充实自己的大脑，掌握基础的室内和景观知识；又要有着较好的手绘基础；同时加上自己的设计积累和经验，不断地思考、推敲，才能够为快题设计打好基础。学习的过程要循序渐进，通过不同阶段的学习来逐步地提升自己的手绘和设计能力。

注意事项：

（1）要注意平时知识的积累。了解基本的生活常识和设计规范，要多观察生活，才能在设计中规划合理，设计切题。

（2）要注意表现技法的积累。线稿技法、马克笔技法等手绘技法的积累也很重要，只有经过持续的量变才能完成质变。快题设计成果要凸显亮点，手绘要以简单、熟练的方法处理设计问题。

（3）要注意方案图纸的排版。要有主有次，空间要有大小、虚实对比。要体现设计的主要亮点，切记不可主次不分、平等对待。

9.2 室内空间快题设计方案表现

9.2.1 排版设计

1. 图纸排版

一套完整的快题设计通常包括总平面图、剖面图、立面图、分析类图、透视图、鸟瞰图等。这些表现图，无论是采用常规的或是前卫手法，都必须能够有效地传递设计意图，因此，应该采用一种有序的构图形式将最终的设计成果绘制并布置于图纸上，这就是排版的重要性。

一套快题设计图纸，应尽量在版式、尺寸大小、图形、方向和图纸类型上保持相对一致。排版设计就是在图面上平衡和安排各种元素，做到美观而有创造性；在图纸上整合琐碎的图画，组织和协调各类型图纸里的片段元素；将各类型图纸按照设计规范和文字说明有效地结合起来。版式设计是为下一步传递设计信息服务的，那么保证设计图纸的完整、清晰是前提（见图 9-12）。即使版式设计非常吸引人，但如果图纸的质量受到了影响，也必将适得其反，因此，设计师应平衡好。

2. 文字排版

标题：一般为"快题设计"或直接标识出设计项目名称。

标题一般包括主标题和副标题。

3. 标注类排版

标注内容一般包括：尺寸标注（见图 9-13）、材料标注、标高等。标高以"米"为单位，注写到小数点后两位（见图 9-14）。

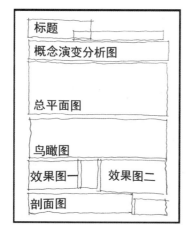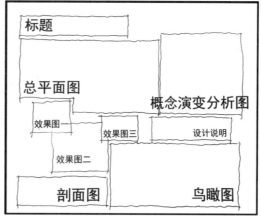

图9-12　快题版式设计

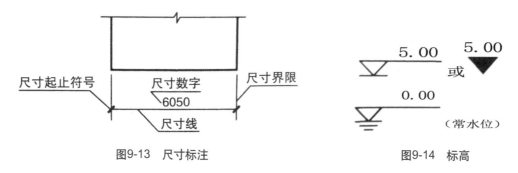

图9-13　尺寸标注

图9-14　标高

9.2.2　室内平面图表现

1. 平面图的概念

室内平面图是以平行于地面的切面将上部切去而形成的正投影图（正俯视图）。平面图纸反映了室内各功能空间的布局、室内交通动线、软装陈设、地面铺贴方式、顶面铺贴方式等内容，在绘制时，要特别强调设计的尺度要符合设计规范的要求，否则就会华而不实，无法应用于设计方案的实施。

2. 平面图的分类

1）原始平面结构图

原始平面结构图表明了室内空间的原始结构情况，通过设计任务书交付和室内场地的现场测量而得。它是展开设计的基础和载体，要根据原始结构平面进行合理的布局和结构调整，使得室内功能更加完备，符合人们的使用习惯和审美要求。

2）平面布置图

平面布置图主要表达室内空间的结构形式。家具的尺度与风格及软装饰摆放的位置等（见图 9-15）。

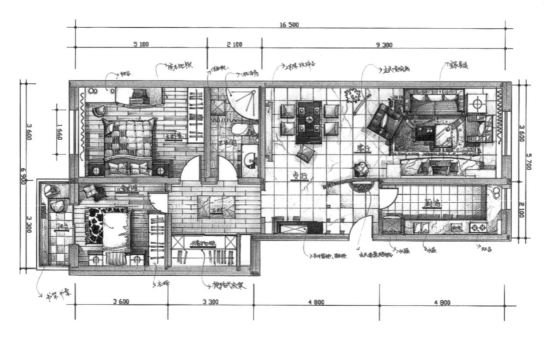

图9-15　室内平面布置图

3）地面铺装图

地面铺装图主要表达室内空间中地面的材料类型及基本的尺度规格，它往往与家具布置图共同构成图纸样貌（见图9-16）。

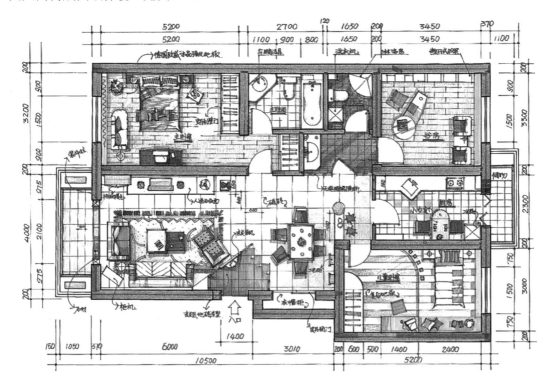

图9-16　室内平面布置+地面铺装图

4）顶面布置图

顶面布置图是将顶棚正投影在其下方假想的水平镜面上所形成的镜像投影图（见图9-17）。顶面布置图表现内容主要包括顶面的造型及材料说明、吊灯和灯具的造型、顶面造型尺寸、灯具和电器的安装位置、顶面标高等，当然也包括顶棚细部做法的说明等。顶面造型需要考虑建筑的层高，按照人机功能学尺度进行设计；顶面造型具有限定空间分区的暗示作用，因此，顶面的设计往往与平面布局紧密联系。

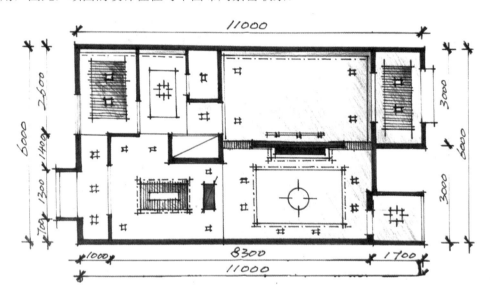

图9-17　顶面布置图

9.2.3　室内立面图表现

室内立面图是对室内空间的竖向布置表达。室内立面图是室内墙面、空间结构与室内陈设在垂直方向上的正投影图；它既是基于空间结构、功能的竖向设计，也是基于艺术和审美考量的对室内空间垂直方向上的装饰表现。

立面图设计要与平面图纸相对应，包括平面图上墙体结构、软装摆放位置与尺度及整体环境营造；立面图设计必须遵循设计主题要求，设计造型、设计元素与设计功能要互相吻合，不能过分追求形式美而脱离实用性；立面图要标明墙体设计的材质特性和施工工艺，在设计中考虑其可行性与审美性。

立面图纸内容主要包括：墙面造型、材质及软装陈设在立面图上的正投影；门、窗立面及其他装饰元素的垂直信息及尺寸；立面各组成部分尺寸、地坪、顶棚标高；标注（尺寸、材料）、图名、比例等设计规范要求等。图9-18所示为立面图及其表现。

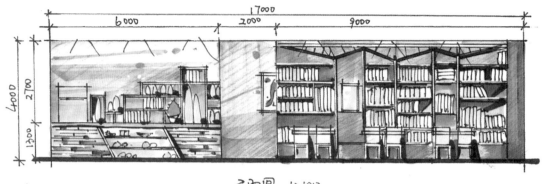

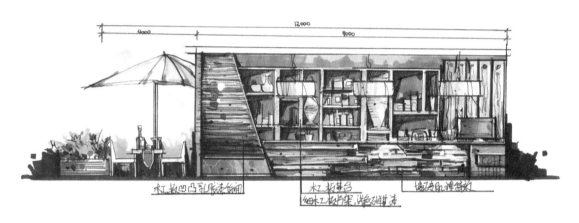

图9-18　空间立面图的表现

9.2.4　室内空间效果图的表现

设计效果图是直观反映设计师预想中的室内空间、色彩、材质、光照等装饰艺术效果的一种综合性手绘设计表现形式。主要包括室内空间效果图和空间鸟瞰图等三维空间表现形式。

室内空间效果图要求透视准确、结构清晰、层次分明、空间感强、陈设之间的比例关系正确；能够依据不同的空间环境确定色彩基调，明确室内整体的色彩基调；能够清晰地展示室内空间的设计风格；同时，效果图要与空间平面图、立面图内容和谐、统一，是以上两种图纸的三维空间阐释。

根据透视学内容，效果图的构图方法主要包括一点透视（平行透视）、两点透视（成角透视）、三点透视（倾斜透视）等。图9-19、图9-20所示为室内客厅空间的表现。

图9-19 室内客厅空间的表现1

图9-20 室内客厅空间的表现2

9.2.5 室内快题设计案例

室内快题设计案例如图9-21 ～图9-30 所示。

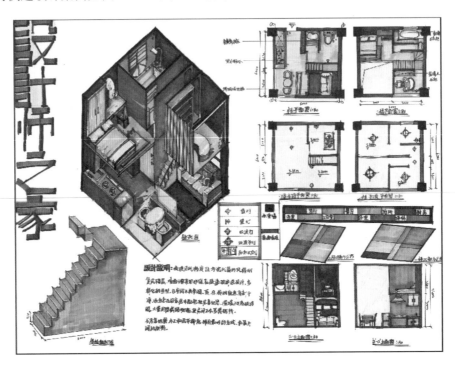

图9-21　室内快题设计案例1（学生作品）

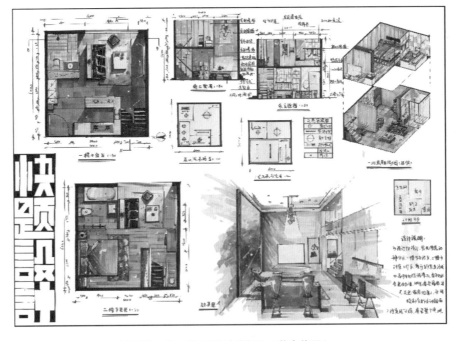

图9-22　室内快题设计案例2（学生作品）

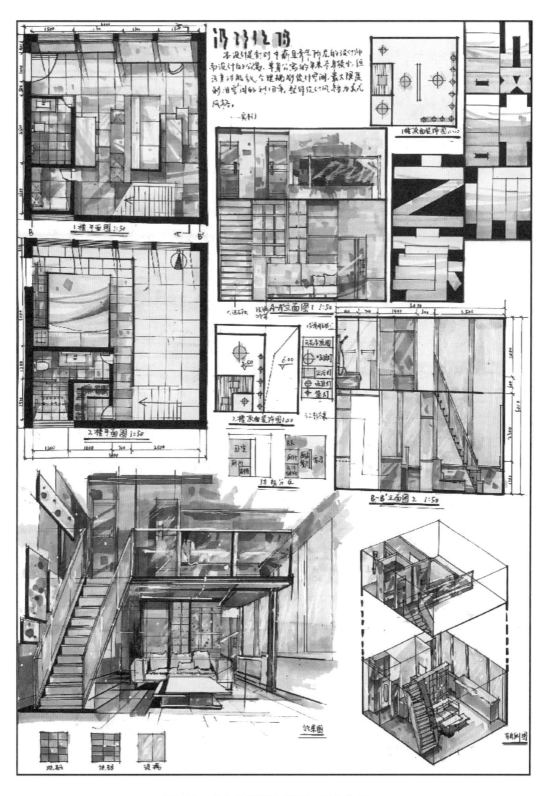

图9-23 室内快题设计案例3（学生作品）

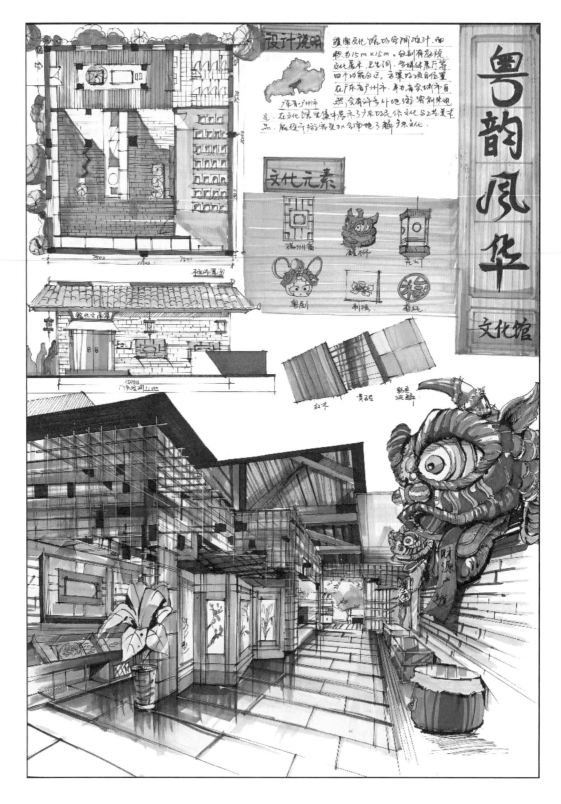

图9-24　室内快题设计案例4（学生作品）

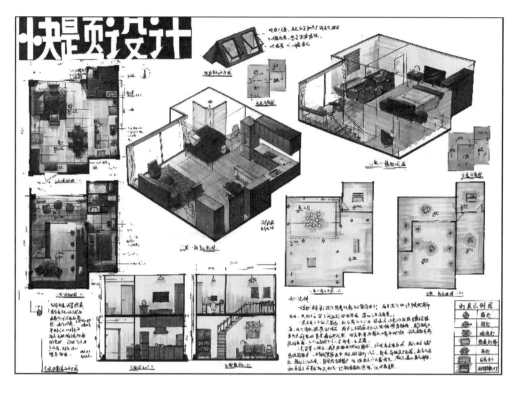

图9-25 室内快题设计案例5（学生作品）

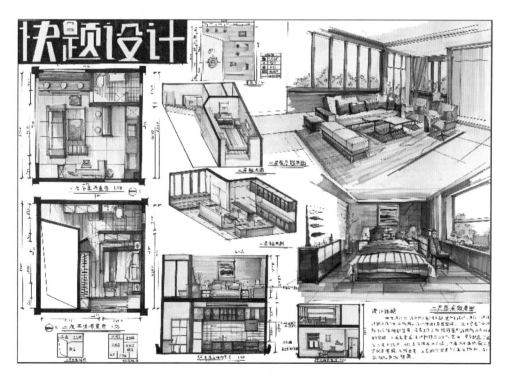

图9-26 室内快题设计案例6（学生作品）

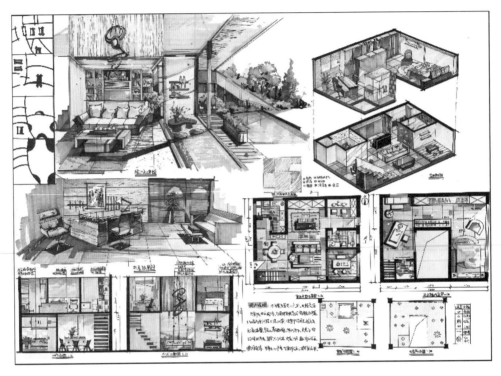

图9-27　室内快题设计案例7（学生作品）

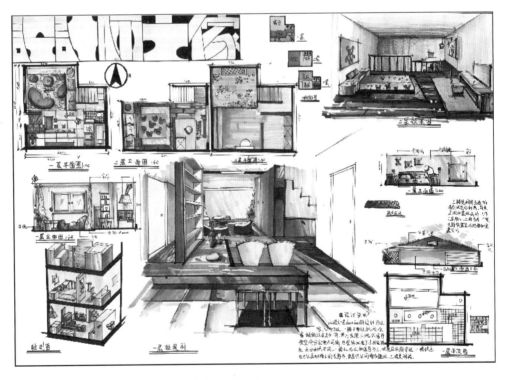

图9-28　室内快题设计案例8（学生作品）

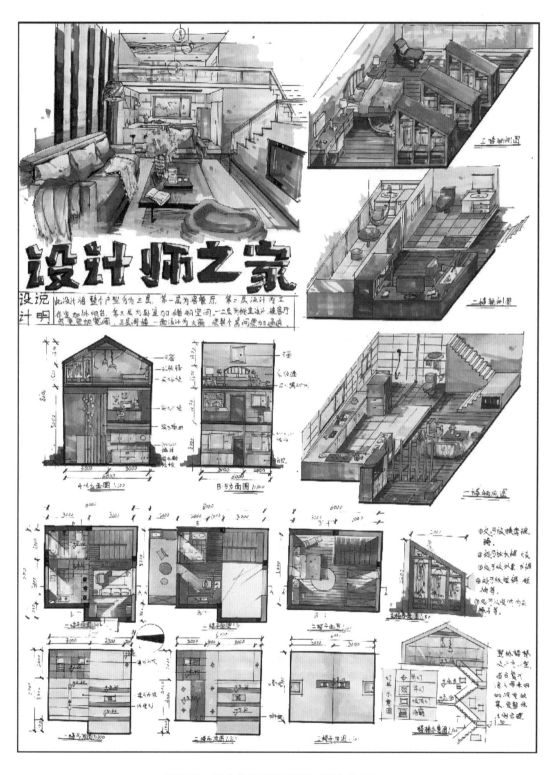

图9-29 室内快题设计案例9（学生作品）

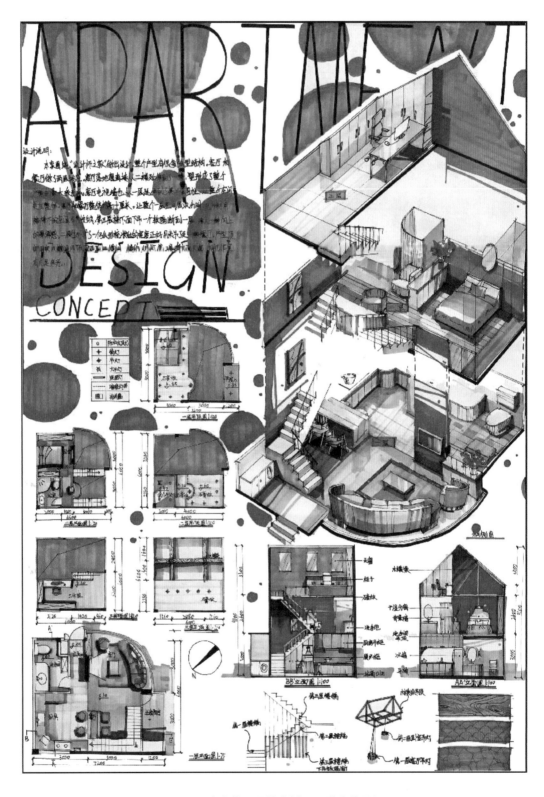

图9-30 室内快题设计案例10（学生作品）

9.3 景观快题设计方案表现

景观设计方案是通过设计图纸方案呈现和表达出来的，我们要掌握不同类型图纸的内容与设计形式，包括景观平面图、分析图、剖立面图、透视效果图等类型图纸。要掌握不同类型图纸在城市公园景观规划设计中的功能与作用，同时，注意结合制图规范，绘制各类型的景观设计图纸。

9.3.1 景观的平面图表现

1. 景观平面图的概念与功能

景观平面图是将景观要素从空间形式中抽离出来，按照一定的逻辑结构和图纸规范加以组织整理，从而形成的景观平面形态。

景观平面图的表达的优劣直接关系到对设计的表达与展示。因其中隐含着绘图技巧及才能的表达，高品质的图稿具有视觉上的吸引力，它同时有效地显示出设计的意图与内涵。景观平面图通过完整的图面表达设计的构想，与透视图、剖面图和透视图等相比较，平面图被视为最有效的沟通图示。一般而言，通过平面图可以了解整个设计方案完整的设计架构，同时，表达设计者对于各种设计元素的明确标识。

应严格按照比例绘制各平面要素，以免因为比例失调而产生错误的识图引导。绘制平面图应讲究美学原理，注意各平面要素的形式、颜色等之间的关系，同时，图纸应严格按照制图标准中的字体大小、标注方式、线型等要求进行绘制。

2. 景观平面图的内容

景观平面图表明了一个区域范围内景观环境总体规划设计的内容，表现公园景观总体布局的形式，明确反映了景观环境各要素之间的相互关系、尺寸及比例等。公园景观设计的总平画图一般包括以下内容。

（1）表明公园场地用地区域的设计范围。包括场地的周边环境、场地的内部现状环境等，一般用"用地红线"来表明场地的具体设计范围。

（2）表明对原有地形、地貌等自然状况的改造及新的场地设计规划。

（3）以详细尺寸或坐标标识出建筑、构筑物、道路、植物、水体系统等设计相关要素的位置和外轮廓，并注明其整体标高。

（4）景观设计相关规范、标注，如指北针、比例、图名、出入口的位置等，还包括等高线、台阶上下符号、剖切符号等。

3. 景观平面图的构成形式

1）直线和折线形式

矩形形式是最简单、最有用的几何元素，是构成其他主题的基础形式。设计时，将平行、重复、对比等形式美法则运用其中，简单法则的运用可以加强设计者对基本设计形式的把控。

以直线形式（矩形）为基础，运用角度变化、空间分割、线型折断等方式进行空间的变形与重组，一般都是有规律的变形（如直线旋转 45°、120°），从而把握形式的规律，进行空间形式的重组与表现。通过形式的变形，可形成更加丰富的大小空间体验，以取得更有趣味的构图与组合关系。图 9-31 所示为美国伯奈特公园的手绘表现。

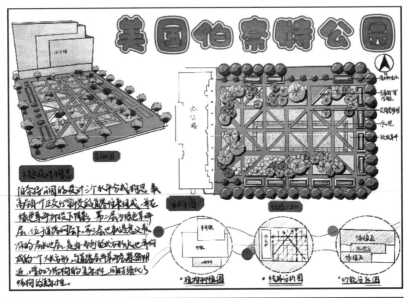

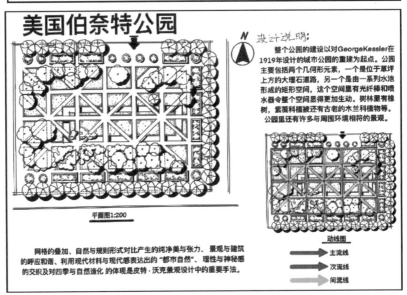

图9-31　美国伯奈特公园的手绘表现

2）弧线与曲线主题形式

弧线与曲线主题形式是由圆形为基础图形演变而来。圆形的魅力在于它的简洁、统一和整体感，它象征着运动和静止两重特征。单个圆形设计出的空间能突出简洁性和力量感，多个圆形在一起可以达到更多的效果，多圆组合的基本模式是不同尺度的圆形相套或是相交。

弧线与曲线主题形式是以圆形为基础设计语言，它和垂直的法则类似，但采取的是在垂直的基础上，加入了大小、虚实等变化，具有强烈的设计动感与向心力。整体放射的方案更容易形成整体感，通过边界的进退和元素的穿插来体现形式的丰富性。图 9-32 所示为同济大学屋顶花园的手绘表现。

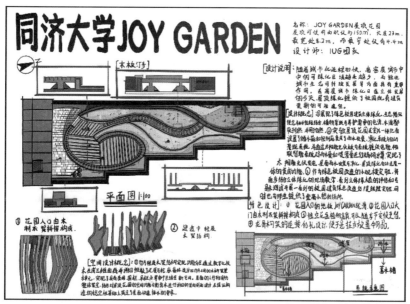

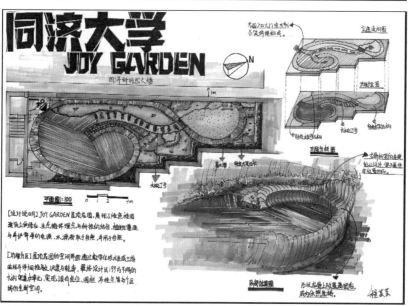

图9-32 同济大学屋顶花园的手绘表现

3）自然曲线形式

自然曲线形式来源于大自然的水体、山形等自然景观形态。它是从自然中提取形式要素，正所谓"师法自然"，以自然的要素为基本设计形态，追求营造"虽由人作，宛自天开"的形式境界。

中国的古典园林最善于从自然山水中寻求设计的形式灵感。中式园林通过小中见大的处理方式，以自然山水为设计的形式基础，用以模拟、再现自然的景观形式，这正是人与自然和谐共生的表现。

9.3.2 景观设计分析图的表现

景观设计分析图的目的在于全面理解和阐述设计场地的各种信息，用图像来解析设计者的设计意图，分析景观设计的合理性，同时，分析图直接对应问题的解决和采用的设计思维，它可以帮助我们反推景观设计方案的合理性。分析图通常是围绕景观空间环境或者要素进行研究、分析、构思，并通过图示语言把分析、构思的过程逐一展示于图纸上，它具有很强的说明性、逻辑性、研究性和概念性。

景观设计分析图可以使我们在第一时间明确设计的意图，以此作为平面图的有效补充，探讨景观设计的合理性和可行性。可以说，分析图的表达直接关乎我们设计的成败。针对不同设计形式加以分析，主要包括：场地现状分析图、功能分区图、道路（交通流线）分析图、结构与轴线分析图、概念演变分析图等（见图9-33）。

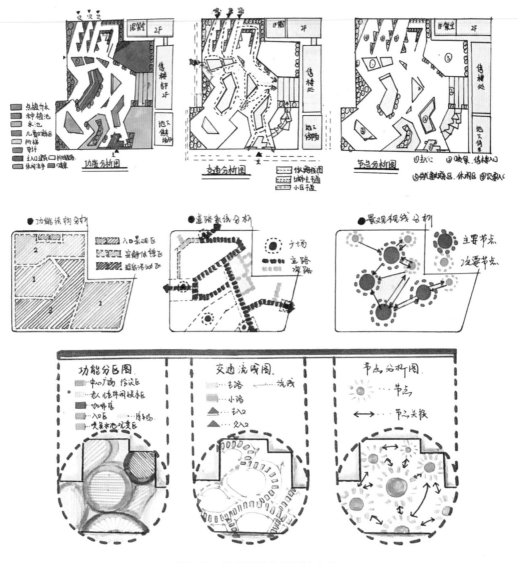

图9-33　景观设计分析图的表现

9.3.3 景观的剖、立面图的表现

景观剖、立面图是景观空间的竖向设计。竖向设计是解决垂直方向上景观构成要素的高程设计，主要设计的内容包括场地地形的设计，对园路、广场、铺装等景观要素的垂直空间设计及植物种植等在高程上的设计等。它既可以是基于艺术和景观功能考量下对景观垂直空间的修饰，也可以是基于生态功能考量的景观垂直面的设计。图 9-34 ～图 9-36 所示为景观立面图的表现。

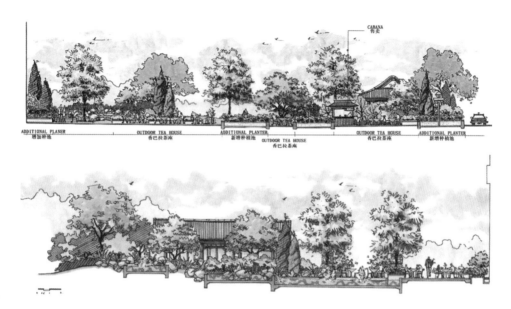

图9-34　景观立面图的表现1

图9-35　景观立面图的表现2

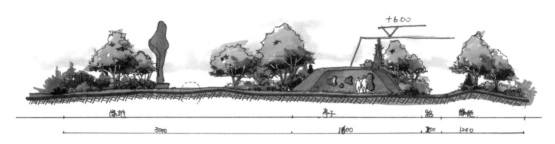

图9-36 景观立面图的表现3

9.3.4 景观的建筑的透视、鸟瞰表现

1. 景观中建筑的基本造型形式

认识建筑形式美的基本规律：主次、对比、比例、尺度和节奏。认识柯布西耶关于新建筑的五大要素：自由的平面、自由的立面、水平式的长窗、底层架空、屋顶花园。

架空形式（增设构架）：它是柯布西耶大师关于新建筑的五大要素之一（见图9-37）。这类建筑广泛分布于世界各地，尤其是湿润气候或多山地的地形下，这种建筑性较强。一般在建筑的底层可以结合停车、景观、交流等功能，产生丰富的空间效果。

图9-37 架空形式

分段形式：当建筑的体量过大时也可采用分段布置的方式（见图9-38），尤其是适用于展览类的建筑，不但可以横着划分空间，也可以竖着划分，使笨重的建筑体变得更加轻盈，也使建筑的层次更加丰富。

图9-38 分段形式

挖洞形式：当建筑的体量过大的时候，就可以采用挖洞的形式，分解各个功能区域，以减法的形式消除建筑体量，以增加建筑的空间层次（见图 9-39）。洞口往往可以作为入口，起到引导空间的作用；也可作为庭院，作为建筑与外环境的缓冲区。

穿插形式：这种结构是将体块结构置于单元块之间（见图 9-40），增加了视觉上的节奏变化，平面上可增加灵活性和丰富性。错落布置的单元格，是设计的一大亮点。

图9-39 挖洞形式

图9-40 穿插形式

集装箱形式：集装箱是用于建筑设计的模块化工具，本身具有低碳、低成本、建造时间短、可拆装运输等特性，同时又受到空间、材料等客观条件的限制，在进行集装箱建筑设计时应充分考虑集装箱模块工具的优势和不足，最大限度地发挥其结构优势（见图 9-41）。

集装箱建筑一般可以分为三种形态：集装箱箱体改造的建筑；集装箱箱体组合的建筑；集装箱箱体与其他结构共同起结构作用的建筑。

2. 景观效果图的表现

透视效果图按照人眼的视觉规律，以科学的透视方法来表达景观的三维空间效果，表现景观的整体设计效果，强调景观设计的构思、空间物体的造型、场地环境的形态等。景观效果图不仅是设计师创作时思考、推敲、表达的重要方式，也是设计师与客户快速交流、探讨、修改方案的重要手段。

　　在设计构思阶段，要快速构想出合适的方案，在思维发散的同时，准确记录，捕捉稍纵即逝的灵感，此时，景观手绘效果图这种创作方式无疑是最快速、最高效的方法，它不仅是设计的展示窗口，还完美地体现了设计的价值。手绘是连接设计构想与空间呈现的纽带，是触及设计灵感的工具，它可以快速勾勒出构思草图，让设计更加便捷、有效；而对设计业主来说，通过它可以更快了解设计师的思路，读懂设计意图，能充分认知设计师的专业性。图 9-42 ～图 9-44 所示为几种景观效果图的表现。

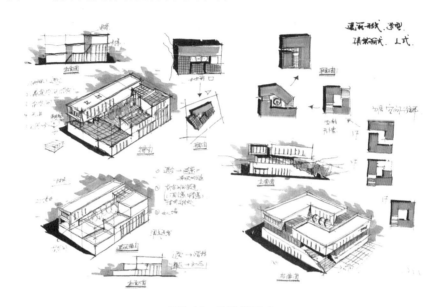

图9-41　集装箱形式

图9-42　山洞景观的表现（郑峰绘）

图9-43　广场景观的表现（郑峰绘）

图9-44　休闲景观的表现（郑峰绘）

3. 景观鸟瞰图

景观鸟瞰效果图一般以场地的总平面图为依据，全面地表达设计的景观元素，体现设计的总体空间效果。鸟瞰图是根据基本透视原理，通过高视点透视法描绘景观整体的三维立体效果图。简单地说，鸟瞰图就是通过空中俯视描绘某景观区域所表现出来的景观效果图，跟平面图相比，它加入了竖向的空间信息，比平面图更富有真实感，可运用三点透视表现手段，表达公园景观的场地信息和景观要素竖向层次效果。

鸟瞰效果图也是不容忽视的重要的空间设计"语言"，它能在设计中更多地融入设计者的空间直觉，应用透视原理对景观空间进行准确的把握，将设计者的直觉与感受最大限度地调动起来。无论时代的变迁还是技术的发展，它在规划设计创作过程中所发挥的作用都是不可替代的。图9-45、图9-46所示为两种形式的建筑三视图。

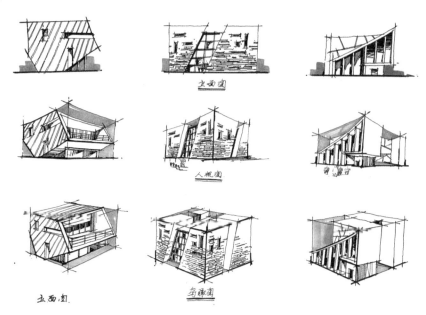

图9-45　建筑三视图1（立面图、人视图、鸟瞰图）

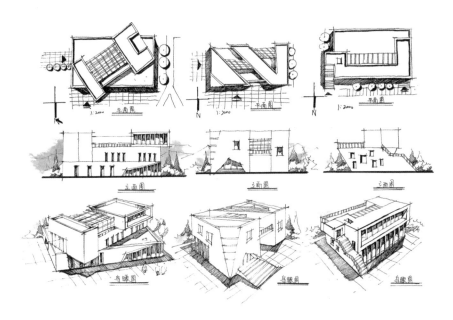

图9-46　建筑三视图2（平面图、立面图、鸟瞰图）

9.3.5　景观的轴测图表现

景观轴测图是一种单面投影图，是在一个投影面上同时反映出物体三个坐标面的形状信息。它接近于人的正常视觉习惯，形象、逼真，同时富有立体感。在景观设计中，通常用轴测图帮助设计构思、模拟景观元素造型、把握物体空间组合关系等。

在景观设计中，轴测图往往要与剖切图相结合，可以同时展现地表以上景观效果以及地表以下景观元素的结构关系，通常运用鸟瞰透视视角，将平面图和剖立面的图纸信息相结合，实现三维化、仿真化，它是对景观设计方案基本信息的延展、深化和景观空间展示（见图9-47、图9-48）。

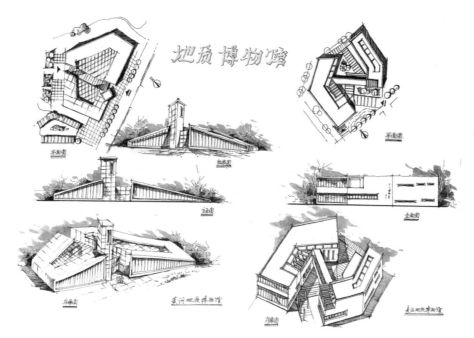

图9-47　两个地质博物馆景观的平面图、立面图及鸟瞰图

图9-48　民俗博物馆的方案草图

9.3.6 景观快题设计

景观快题设计案例如图 9-49～图 9-65 所示。

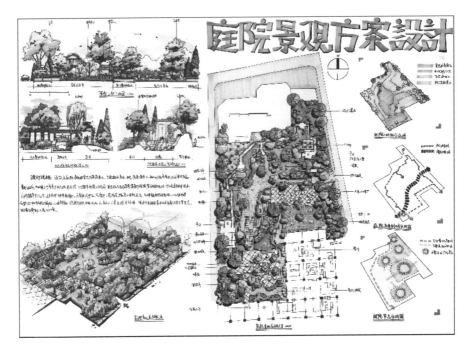

图9-49 景观快题设计案例1（学生作品）

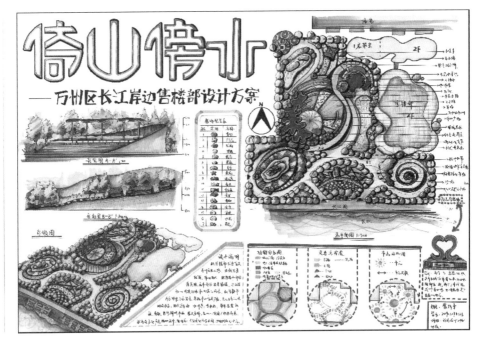

图9-50 景观快题设计案例2（学生作品）

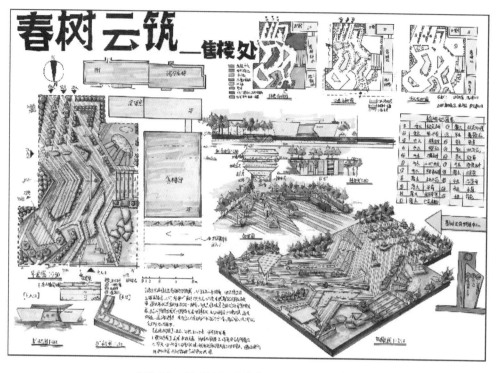

图9-51 景观快题设计案例3（学生作品）

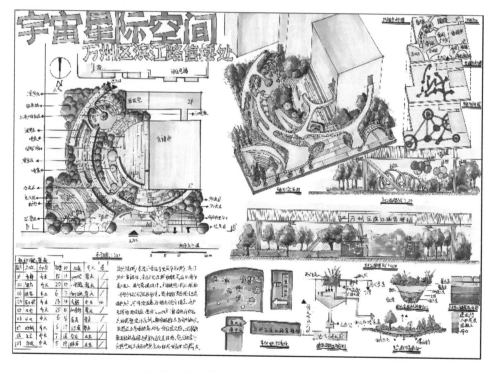

图9-52 景观快题设计案例4（学生作品）

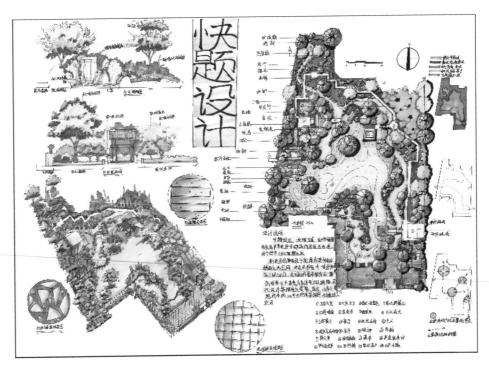

图9-53　景观快题设计案例5（学生作品）

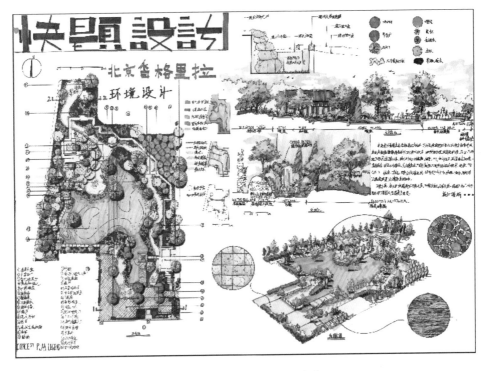

图9-54　景观快题设计案例6（学生作品）

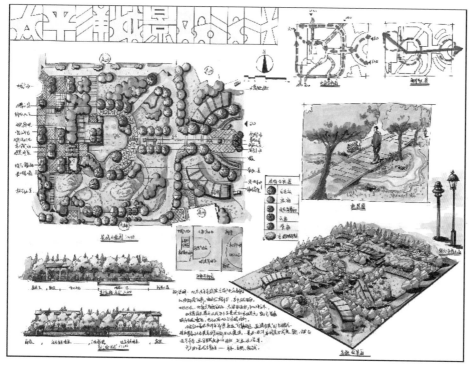

图9-55 景观快题设计案例7（学生作品）

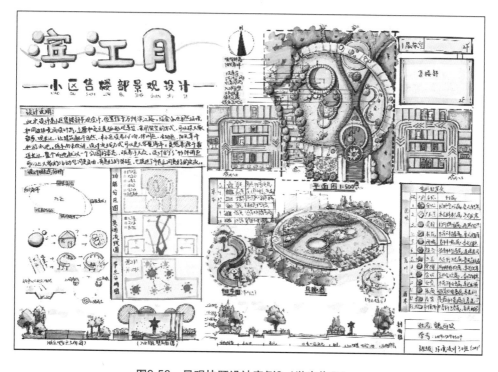

图9-56 景观快题设计案例8（学生作品）

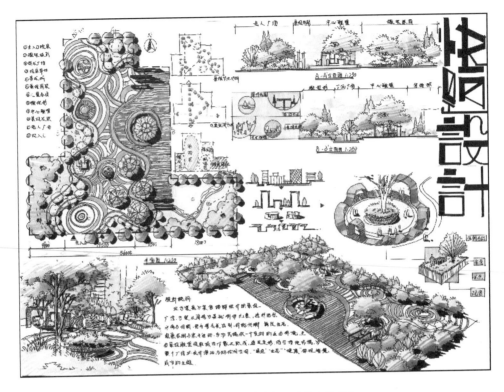

图9-57　景观快题设计案例9（学生作品）

图9-58　景观快题设计案例10（学生作品）

图9-59 景观快题设计案例11（学生作品）

图9-60　景观快题设计案例12（学生作品）

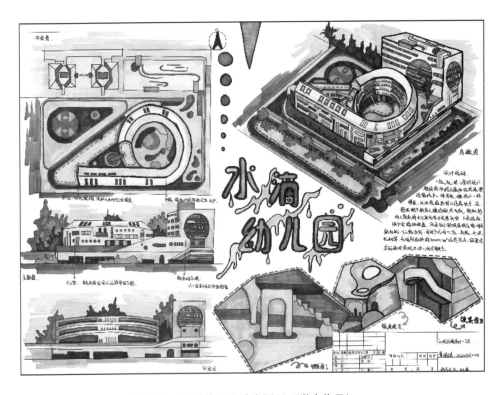

图9-61　景观快题设计案例13（学生作品）

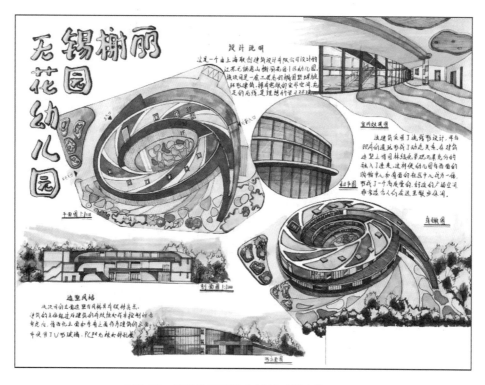

图9-62　景观快题设计案例14（学生作品）

图9-63　景观快题设计案例15（学生作品）

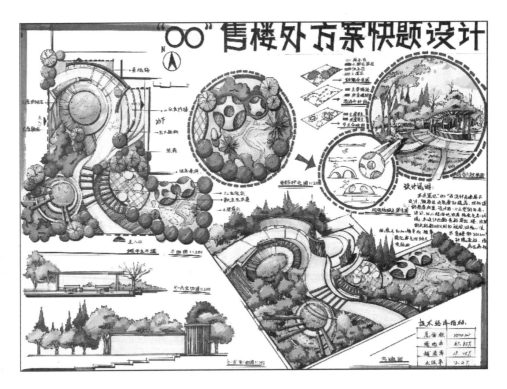

图9-64 景观快题设计案例16（学生作品）

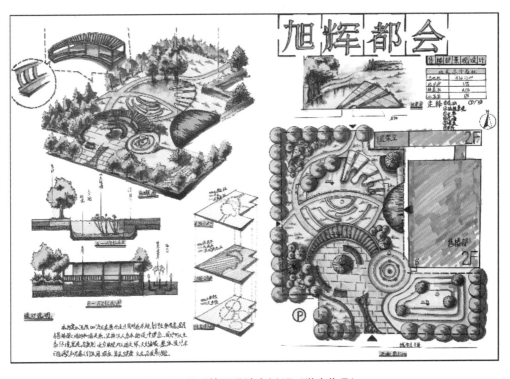

图9-65 景观快题设计案例17（学生作品）

本章小结

一、本章要点

1. 快题设计的概念与特点
2. 快题设计的基本设计规范解读
3. 室内快题方案图纸内容及设计表现
4. 景观快题方案图纸内容及设计表现

二、课程思政设计

通过纪录片《大国工匠》(《大国工匠》是央视新闻推出的系列节目,该系列节目讲述了不同岗位劳动者用自己的灵巧双手匠心筑梦的故事)引入教学。这是一群不平凡劳动者的成功之路,尽管他们不是毕业于名牌大学,并未拿着耀眼的高文凭,然而他们都在自己的岗位上默默坚守,孜孜以求;在平凡岗位上,追求职业技能的完美和极致,最终脱颖而出,跻身"国宝级"技工行列,成为一个领域不可或缺的人才。通过学习,进行分组讨论、感想分享,引导学生树立正确的世界观和价值观。

通过讲解快题设计的制图规范相关知识,学生分组讨论,强调国家制图标准的严肃性和科学性,要求学生严格按照制图规范绘制施工图纸,引导学生传承工匠精神,树立正确的治学观念和严谨的职业态度。

三、复习和练习

1. 以书本为主题(元素)进行建筑空间形式的设计表现畅想。(图例见下图)

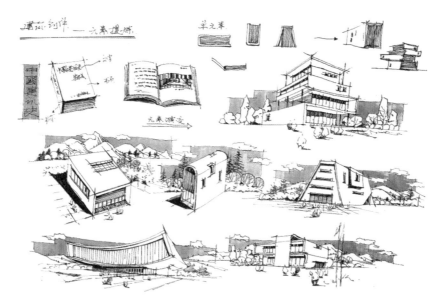

2. 完成室内空间快题方案一套。要求空间功能完备,图纸内容齐全,设计风格明确。
3. 完成景观空间快题方案一套。要求景观设计形式完备,图纸内容完备,手绘设计表现力强。

第10章

手绘设计表现之写生创作表现

章节概述

写生创作，使画者能够更加贴近生活，贴近自然，更加细腻地去观察客观事物，感受大自然带给我们的无限魅力。手绘写生创作可以作为快速表现的一种重要形式，同时，也可以将手绘写生创作提升到一幅艺术作品的层次。

10.1 写生创作概述

10.1.1 何为写生创作

写生是面对实景进行具体描绘的过程，力求能够真实地再现景物本身、场景、色彩及周围环境。写生是再现，也是艺术的表现，它是收集素材或进行手绘设计表现的基础训练技法，也为今后的创作积累了经验。写生场景如图 10-1、图 10-2 所示。

图10-1 写生场景1

所谓"意在笔先"，就是说在动笔绘画表现之前，要先进行设计构思，要对画面进行充分的理解，并且多角度地观察分析，从而找出最具代表性的构图角度和表现形式，以做到"胸有成竹"。

写生创作之前，我们或进入村舍、或观察民居建筑……这些元素都可以收入我们的画面之中，成为手绘设计表现的主题。为何它们能成为主题，一定是有某方面打动了你，吸引了你，才会成为画者笔下的表达对象。

到写生地后，笔者会先走走，熟悉一下周围环境，对描绘对象有一定的认知之后再去选择合适的表现对象，这样，才能把对象的特征和内在的意境美表达出来。在内容的选择上，也不可"人云亦云"，要知道，打动每个人的点是不同的，即使在同一个场景中，打动人的角度也是因人而异的，因此，在取景的选择上，既要理性而又不可失去感性。

当场景空间简单时，便于集中精力研究和表现场景的色彩变化和光影的疏朗关系；平远的景观环境便于画者认识场景组织与空间的关系。因此，往往我们需要采取移动、增减或改变周边环境等画面处理的方法，获得更加完美而生动的构图。手绘写生表现时，应坚持以客观的场景为依据，但又不是将所见到的一切如实描绘下来，而是要进行艺术的取舍。

图10-2　写生场景2

10.1.2　写生创作的目的

通过写生，可以锻炼设计师观察世界、记录世界的能力，使设计师能够运用手绘的形式记录自己对客观世界的所观、所思和所悟，所以，写生对培养对客观事物整体的把握能力，以及提高设计师分析和处理画面的能力都起着重要的作用。

手绘写生既可以作为设计表现的一种重要形式，也可以将写生作品提升到一幅艺术作品的层次，使其能够作为一种艺术表现形式或一种独立艺术形式去欣赏。大量的写生，使设计师能够更加贴近生活，贴近自然；能够更加细腻地去观察客观事物，把握自然给我们带来的无限魅力。大自然的光线，在每天的早、中、晚期间都有所不同，这种细腻的变化需要我们去观察、去感受，这些是在书本中找寻不到的。正如印象派的大师，都善于表现瞬息万变的光线效果。写生，能够帮助我们大量地收集设计素材，积累形象符号语言，更好地为以后的设计表现、设计方案服务。图 10-3 所示为对重庆老房子的记忆。

笔者对古民居有着特殊的感情，这些景观是如此之美，一砖一瓦都是那么的入画。建筑与建筑之间、场景与树木之间，相映成趣，美轮美奂。有时候我们画的不是某一个民居场景，而是我们对客观事物的感受，是我们主观而发的表现。

我们以写生创作的表现形式，记录着我们的足迹与成长，记录着我们生活中的点滴，本书中的很多写生创作作品，其实就是笔者的一些真实的生活写照。

图10-3　对重庆老房子的记忆（郑峰绘）

10.1.3　写生创作的方法

写生并不是照相，它不是对客观事物的照搬照抄，是对客观事物的艺术的再加工。写生创作，是一种最"简单"，也是最为"复杂"的手绘设计表现形式。说它简单，是因为它的构成要素简单，以点成线，以线为面；说它复杂，是因为它含有取舍、疏密、节奏、对比等多种构图、组合形式关系。在进行写生创作时，我们应注意一定的方法。

（1）要注意画面的构图，也就是取景。

写生不是看到什么就画什么，而要对表达的景物做出必要的取舍，"取"那些画面需要的要素，"舍"那些破坏画面的要素。

其实，构图也是个相对的概念。我有时从一个局部入手展开画面，往往也没有提前做好构图，画到一定的程度，感觉画面构图较为完整了，就此停下笔来。除了绘画的部分，此时画面中有着大量的留白，这时候，其实留白也是构图的一部分，反而更加喜欢上这种无意偶得的构图效果了。

（2）要注意主次，做到主次分明。

有些时候，往往有很多事物需要我们表达，但我们不可能面面俱到，而是要做选择题。哪些是主要的，哪些是次要的，哪些能够使画面成为视觉的中心，其实，写生很大程度上就是考验我们的观察和组织画面的能力。

（3）要注意对比，注意线条的穿插。

画面中有着不同的空间关系，这就要求线条排列有序、要自然。写生创作，就是通过线条的组合排列、疏密对比、空间节奏，来构成整幅画面，形成良好效果。

10.1.4 写生与照片的关系

照片，作为创作的媒介，是一种创作素材的选择过程和方法。由于种种原因，照片写生很难准确地体现出事物的"运动性"，因为照相本身是将客观事物定格在一个静帧的瞬间画面，而想通过照片画"活"作品，难度是相当大的。那么，我们应该怎样处理照片与写生表现的关系呢？

首先，在平时训练中，不能对所描绘的客观事物进行主观的"编造"。换言之，我们要尊重客观事物本身，不能习惯性地对所表现的事物进行"概括"，不能对搞不清楚的地方"一带而过"，而不进行深入的研究。虽然照片把客观世界通过视像的形式显现出来，但是，若想仅通过照片把客观事物描绘清楚，是难以办到的。仅仅通过照片写生，只能使作品"匠"味十足，甚至后果更为严重。

其次，增加对客观事物本质的认识，学会对事物进行内涵研究，提高绘画以外的修养。

一位画者的"画外功"，要比绘画技能本身更加重要。创作表现需要广泛的知识积累，只有积累了大量的知识，才会迸发出更大的能量，创作出具有强大生命力的作品。图10-4 所示为一幅写生作品。

图10-4　写生作品（郑峰绘）

对客观事物进行研究与修养的训练，写生是最好的方法，也是避免作品出现"匠气"的重要手段。但是从严谨的角度讲，瞬息万变的客观事物使每一个向它学习的人应付起来都是很困难的。因为我们观察客观事物，从相对的角度来看是静止不动的；然而，从科学的角度，"它们"每时每刻都在发生着变化。

照相机是绘画者研究大自然非常便利的工具，它能将自然界每一瞬间"锁定"，供我们研究。借助照片来"辅助"绘画，是可取的，因为，写生本来就是在对大自然进行"临摹"。但与照相所不同的是，写生表现对于观察事物的方法是不同的。我们要正确认知写生与照片的关系，借助照相术和其他现代信息数字化手段，来辅助我们进行手绘设计作品的表现。

10.2 传统建筑写生创作表现

传统建筑类型一般是指具有历史意义的民用建筑和公共建筑，包括我国的古代建筑及近代建筑形式。写生创作时，要注意体现传统建筑形式的意境，注意形、神兼备。

在我国，很多地区都保留有特色的古镇建筑，如湘西地区的凤凰古镇、重庆酉阳地区的龚滩古镇等；并且，许多城市还保留着一些古建筑群或建筑遗迹，这些都是我们传统建筑文化遗产的宝贵财富。然而，在社会城市化进程及城市不断发展的今天，传统建筑的文化生态环境面临着严峻的考验。

我国传统建筑文化是中国传统文化的重要组成部分，因此，我们要用发展的眼光看待、保护传统建筑及其蕴含的文化特质。当今社会，我们不仅要发展现代建筑，更要吸收传统建筑中的营养，走出中国特色建筑之路，让中国传统建筑文化不断传承和延续；既让传统建筑文化保存于世，也能够让建筑文化遗产得到有效传承，使其在现代社会语境下产生新的意象、发挥新的价值。图10-5所示为志诚堂的水彩表现。

图10-5 志诚堂的水彩表现（郑峰绘）

10.2.1 "石宝寨"写生创作表现

1. 背景介绍

石宝寨位于重庆市忠县境内长江北岸边，被称为"江上明珠"，它始建于明万历年间，经康熙、乾隆年间修建完善。

石宝寨倚玉印山修建，依山耸势，飞檐展翼，造型奇异，极为壮观。整个建筑由寨门、寨身、阁楼组成，共12层，高56米，全系木质结构。它南临长江航道，西北侧有后溪河和尖山子，东北与新石宝镇相望。寨楼山顶海拔211.04米，三峡工程蓄水到175米水位后，石宝寨呈现四面环水之状，在巨型围堤环绕下，石宝寨俨然成为长江一处大型江中"盆景"，并且享有长江"小蓬莱"的称号。石宝寨的实景照片如图10-6、图10-7所示。

图10-6 重庆石宝寨的实景照片1

图10-7 重庆石宝寨的实景照片2

2．"石宝寨"写生作品系列之一

步骤一：

该作品先从石宝寨线稿（见图10-8）开始。线稿重点突出建筑及环境的整体黑白灰关系，在明暗中刻画建筑的众多细节。

作者重点突出石宝寨建筑与自然环境的和谐关系，突出建筑的巧夺天工与自然环境的融合之美，所以，立意的重点就着眼于石宝寨建筑的空间与环境气势。

作者从建筑主体开始画起，因为它是细节最丰富、画面最精彩的部分，所以在构图上就围绕它来展开。但要注意建筑与石头、植物之间的遮挡关系。

步骤二：

从建筑的屋顶开始画起，层层向下推进，画时便注意对明暗关系的把握。因为主体是建筑，所有的表现手法都要围绕其展开。

在完成黑白稿后，我们开始对效果图进行上色。笔者认为，对于一幅写生作品，线稿相当于一个人的身体构造，而上色则

图10-8 石宝寨的线稿

是为她换上了华丽的外衣，孰轻孰重不言自明。

开始上色时，要注意黑白稿确定的光影方向，由建筑主体开始画起，亮部先做留白，从建筑的固有色开始画起，主要由同色系的浅色开始，采取叠加画法（见图10-9）。

步骤三：

对建筑周边环境进行上色处理。首先是石头，要注意其受光效果，笔触明确，体积感要强；植物要注意空间层次的塑造，主要的植物可以细致刻画，尤其是建筑周围的植物要注意遮挡关系，后面的植物要弱化处理。

天空处理笔触尽量整体，不要琐碎，用于衬托出画面效果。

通过整体刻画与调整，突出建筑与环境的空间关系。使用高光笔和修正液进行局部的高光处理，凸显画面层次关系。图10-10所示为石宝寨写生的表现效果。

图10-9　上色过程　　　　　　　图10-10　石宝寨写生的表现效果（郑峰绘）

3. 石宝寨写生作品系列之二

这幅作品是从石宝寨建筑的另外一个角度完成的效果图，该效果图更加突出建筑的整体结构形式，尤其是建筑不同层级的结构关系和空间组织形式。

步骤一：

黑白稿以线描的形式为主，突出建筑的结构、组织与层次关系。颜色简单明确，从固有色开始画起，重点区分建筑的顶部颜色与建筑的立面色彩对比关系。

在处理建筑色彩时，用笔要快速、果断、流畅、统一，这样色彩更加通透（见图10-11）。

步骤二：

处理建筑周边环境，包括石头、植物等，在处理植物时，有意对近处的植物进行放松处理，使其跟建筑形成错落关系。

植物与山石的笔触松散、放松，强调基本的光影关系，与建筑的严谨结构与色彩处理形成对比反差，从而更好地突出建筑主体空间结构，增加环境的空间层次感。

天空由建筑周围开始用笔，笔触自然、散开，以衬托建筑的清晰结构空间（见图10-12）。

图10-11　主体物上色　　　　　图10-12　石宝寨写生的表现效果2（郑峰绘）

10.2.2　传统建筑写生的创作表现

传统建筑写生的创作表现如图 10-13 ～图 10-15 所示。

图10-13　妆楼的写生表现（郑峰绘）

图10-14 黄鹤楼的写生表现（郑峰绘）

图10-15　小雁塔的写生表现（郑峰绘）

10.3 民居写生的创作表现

10.3.1 西递老街写生的创作表现

这幅西递老街的钢笔线稿（见图10-16）先从街道的道路开始画起，采用线描的方式加以描绘。笔者有意将街道的主干道置于画面右面1/3处，道路一直延伸至画面的左下角，这样的构图安排，增强了道路的延伸感。

线稿表现时，一定要注意把握对比关系，即黑白对比、疏密对比、层次对比等。为了突出画面徽派建筑粉黛灰瓦的特征，有意将屋顶部分做"密"的处理，而将墙面部分放松，做"疏"的处理。

地面部分也着眼疏密关系，加入局部的细节，如板车、摩托车等，增加画面趣味性的同时，使画面更丰富（见图10-17）。

图10-16 西递老街的钢笔线稿过程图

图10-17 西递老街的钢笔线稿完成图

步骤一：

从建筑后面的天空和远山开始。

上色先从天空画起，采用水彩湿画法表现，这样便于做远处的虚化处理。打湿纸张，首先用大笔铺设天空的底色，注意笔触之间的衔接；可用喷壶喷水进行衔接，用笔要整体，用最少的笔触塑造出整体空间效果。

远山的颜色也要注意跟天空的衔接，用蓝绿色调绘画，减弱颜色的明度和对比关系，这样有利于将画面推远。所以，天空和远景要处理得整体些，减弱颜色的对比度和饱和度。

建筑后面的树木可增加对比度，通过加入一些黄、绿色彩，与远山拉开层次关系（见图10-18）。

图10-18　铺设天空和远景

步骤二：

确定墙面与屋顶的色调关系。

因受到光线的照射（写生时间为上午），白色的墙面受到光线的影响，色彩偏暖色调，在进行表现时，加入暖黄色。绘画之前，同样先打湿纸张，待半干时开始上色，这样便于颜色间的衔接；越是受光部分，颜色相对越饱和。

建筑的屋顶做蓝灰色处理，同时颜色要重一些，与墙面形成对比关系。

要注意留白，保留第一遍的颜色，使画面的层次更丰富（见图10-19）。

步骤三：

刻画墙面和屋顶细节。

重点强调墙面和屋顶的细节处理，如墙面裸露的砖墙效果、建筑的屋顶瓦片和房檐等，使画面层次更加丰富，有细节。同时，注意把握整体的色调，考虑墙面、屋顶的光照方向和效果。

刻画地面部分的细节，尤其是板车、摩托车、晾衣架等部分的细节处理，使画面更富有生活的情趣（见图10-20）。

步骤四：

整体调整画面。

街道在线描的基础上色完成，颜色要简单、概括，与地面上的车辆、植物拉开关系。用笔不要铺得太平均，要注意留白。

因为地面颜色相对单纯，这就需要在地面上做一些跳色处理，如在地面上加入晾衣杆和晾晒的衣服，衣服颜色相对鲜艳些，同时加上摩托车等元素，拉开画面的空间层次（见图10-21）。

图10-19　确定墙面和屋顶的基调

图10-20　地面的细节1

图10-21　地面的细节2

画面的整体调整要注意色彩、材质的过渡处，画面的细节处理等。加上落款，完成创作表现（见图 10-22）。

图10-22　西递老街的写生表现（郑峰绘）

10.3.2　特色民居写生创作表现

以下是笔者的创作组画系列，通过建筑的黑白灰画法，有助于强化建筑的形体块面，加强对空间层次的虚实关系及光影的表现能力，以此为手段和技法阐述笔者对于建筑设计空间的理解与情感抒发。

《民居 68 号》系列（见图 10-23～图 10-26），是笔者通过手绘写生的方式记录自己对于儿时生活场景的记忆，也是笔者近年来对写生的不同技法尝试过程。

图10-23 民居68号的写生表现1（郑峰绘）

图10-24 民居68号的写生表现2（郑峰绘）

图10-25　民居68号的写生表现3（郑峰绘）

图10-26　民居68号的写生表现4（郑峰绘）

10.3.3 现代民居写生创作表现案例

现代民居写生创作表现案例如图 10-27 ～图 10-29 所示。

图10-27　山间民宿的写生创作表现案例（郑峰绘）

图10-28　热带建筑的写生创作表现案例（郑峰绘）

图10-29　别墅建筑外观的写生创作表现案例（郑峰绘）

10.4 特色建筑的创作表现

10.4.1 流水别墅的创作表现

1. 流水别墅简介

流水别墅是现代建筑的杰作之一，它位于美国匹兹堡市郊区的熊溪河畔，由著名建筑设计师赖特设计。别墅主人为匹兹堡百货公司老板德国移民考夫曼，故又称考夫曼住宅。

别墅的空间处理堪称典范，室内空间自由延伸，相互穿插；内外空间互相交融，浑然一体。它在空间的处理、体量的组合及与环境的结合上均取得了极大的成功，在现代建筑历史上占有重要地位（见图10-30、图10-31）。

别墅共三层，面积约380平方米，以二层（主入口层）的起居室为中心，其余房间向左右铺展开来；别墅外形强调块体组合，使建筑带有明显的雕塑感。

两层巨大的平台高低错落：一层平台向左右延伸，二层平台向前方挑出，几片高耸的片石墙交错着插在平台之间，很有力度。水由平台下怡然流出，建筑与溪水、山石、树木等自然地结合在一起，建筑宛如由地下生长出来，更像是盘旋在大地之上。

这是一幢包含最高层次的建筑，也就是说，它已超越了建筑本身，而深深地印在人们意识之中，创造出了一个不可磨灭的新体验与空间意象。

流水别墅浓缩了赖特独自主张的"有机"设计哲学，考虑到赖特自己将它描述成对应于"溪流音乐"的"石崖的延伸"的形状，流水别墅名副其实，成为一种以建筑词汇再现自然环境的抽象表达，一个既具有空间维度又有时间维度的具体实例。

图10-30　流水别墅建筑外观的表现1

图10-31　流水别墅建筑外观的表现2

2. 流水别墅分类创作表现

要完成该建筑的手绘表达，首先要进行主题立意：主题是设计、表现的中心思想，是手绘表现的立意基础，同时，主题也是手绘表现的呈现内容。以下将从不同的表现形式进行空间的阐释。

1）流水别墅表现

这是一幅以线描为主的流水别墅建筑表现。运用线条对空间形式进行表达，通过线条的疏密关系，进行黑白灰的塑造，以进行空间光影的表现。

首先，从流水别墅的建筑主体开始动笔，因为它是整幅构图中最具视觉焦点的存在，且需要正确把握建筑的结构关系和透视规律；透视要把握准确，运用成角透视的基本绘图规律，用尺规作图表达建筑空间。

其次，山石与水景的表现要考虑建筑主体之间的关系，将山石与水景置于前景之中，而建筑主体为中景处；同时，出于构图优化的考虑，水景进行留白表达，以形成疏密关系。

植物配景的表现突出环境与建筑的关系，植物松散、自然的线条，与建筑的直线条形成鲜明的对比关系，形成强烈的视觉效果；植物也能够很好地进行画面的补充，如右侧收边树的表现，就起到了完善构图的作用（见图10-32）。

2）速写式流水别墅表现

图10-33所示为笔者运用速写方式完成的流水别墅表现，画面重点强调建筑与环境的空间融合关系。通过建筑快速表现的方式，呈现建筑的样貌，整幅作品运用马克笔材料，一气呵成，凸显整个空间的效果，不做过多的细节描绘。

图10-32　流水别墅的线描表现

图10-33　速写式流水别墅的表现

3）结构式流水别墅表现

如图10-34所示的这幅作品以流水别墅最具特色的结构为主要表现形式。

巨大的水平阳台是刻画的重点。平台是建筑外部造型空间的延伸，使建筑充满了张力。在构图上，笔者有意加强建筑与环境的对比关系。笔者采用建筑黑白灰的方式进行建筑形式的表现，通过建筑空间的黑白、对比关系，刻画建筑空间。

该作品重点描绘建筑空间的不同材质部位，如主建筑体的砖墙材质、混凝土式的出挑平台、玻璃质感的建筑立面等；在建筑的前方加入两棵姿态奇特的树木，以增强图面的空间层次。

该作品主要运用马克笔材料对画面进行上色处理，用季节性很强的色彩，描绘建筑在秋季暖阳下的自然状态。建筑本身的色彩关系较为简单，但建筑的玻璃立面色彩表达较为丰富，使之与环境形成较好的联系。

图10-34　结构式流水别墅线稿表现

笔者采用层层推进的方式描绘树木，表现树木的整体空间色彩关系，同时，表现出树木在建筑上的斜影关系，强调整体环境的氛围表达。

平台上隐约的人物表现，增强了画面的生气，同时，又不会破坏整体的建筑空间氛围，强调了建筑的人工属性（见图10-35）。

图10-35　结构式流水别墅的上色表现

4）流水别墅环境式表现

如图10-36所示，这幅流水别墅的表现立意在于强调建筑与环境的契合。在这里，并不只是用围合空间来限定建筑形式、形成空间体验，更重要的是这些空间介于建筑与建筑、建筑与环境之间。

图10-36　速写式流水别墅的上色效果

　　流动的溪水及瀑布俨然已经成为建筑的一部分，没有其他任何一个建筑像流水别墅这样完全且不可否认地依赖时间的流动。

　　笔者把描绘的重点放在两个部分：

　　第一个部分是建筑的部分。建筑体块清晰，具有强烈的透视关系，充满了设计的痕迹。

运用正确的建筑透视关系，线条更加硬朗、明确，不拖泥带水。用马克笔的黑白灰进行上色处理，强调整个建筑犹如雕塑的形态。

　　第二个部分是景观环境的部分。通过自然山石、水景、植物要素等进行空间的环境表现。在刻画时，注重运用马克笔强调石头的硬朗和光影效果，而弱化整体的线型；水景也加入了强烈的光感，与环境更加和谐；植物强调空间层次，远景植物、中景植物、近景植物分别表现，并形成整体（见图10-37、图10-38）。

图10-37　流水别墅环境式的表现局部1

图10-38　流水别墅环境式的表现局部2

流水别墅与景观环境和谐、统一，既强调了建筑的荷重感，又展现了建筑形体在景观环境中的隐喻角色。

10.4.2　特色建筑的创作表现

特色建筑创作表现如图 10-39 ～图 10-41 所示。

图10-39　山中别墅建筑的表现（郑峰绘）

图10-40　森林建筑的表现（郑峰绘）

图10-41　丛林建筑的表现（郑峰绘）

本章小结

一、本章要点

1. 写生创作的目的及方法

2. 传统建筑写生创作表现

3. 民居写生创作表现

4. 特色建筑写生创作表现

二、课程思政设计

手绘设计表现有机融入中国优秀传统建筑和景观元素，传递优秀文化精神，引导学生正确认知中国传统建筑、景观的文化价值。通过选取、绘制特色传统建筑、景观，使学生在手绘表现过程中感知传统建筑、景观的秩序美、结构美、色彩美，感受建筑、景观文化的精神魅力，传承中华优秀传统文化，培养学生美学基础、审美能力、工艺观念的同时，使学生树立民族自豪感、文化自信及职业成就感。

通过合理引入中国传统建筑、当代景观等，使学生掌握历史语境下空间环境设计的原则方法，引发学生更深入、更广泛的思考，激发学生的爱国主义精神，引领学生树立努力学习、报效祖国的爱国情怀；通过对优秀案例效果的表现形式进行分析，使学生全面了解中国传统建筑文化与世界优秀建筑案例，引导学生运用专业知识继承、发展传统文化。

三、复习和练习

1. 根据自己生活的环境，选取具有代表性的文化特色建筑作为设计创作的表现对象。要求以不同的表现技法进行同一主题的手绘设计表达，传递不同的主题内涵。

2. 进行手绘设计主题性系列作品表现。要求不低于四幅作品，主题明确，作品之间要有必要的内涵联系，表现形式统一，色彩和谐。

参 考 文 献

[1] 奥列佛 R S. 奥列佛风景建筑速写 [M]. 杨径青，杨志达，译. 南宁：广西美术出版社，2003.

[2] 夏克梁. 建筑钢笔画：夏克梁建筑写生体验 [M]. 沈阳：辽宁美术出版社，2014.

[3] 余工，赵鑫珊. 余工建筑手绘 [M]. 上海：东华大学出版社，2014.

[4] 陈新生. 建筑速写技法 [M]. 北京：清华大学出版社，2005.

[5] 李鸣. 柏影完全绘本：园林景观设计教学对话 [M]. 武汉：湖北美术出版社，2014.

[6] 麦加里 R，马德森 G. 美国建筑画选——马克笔的魅力 [M]. 白晨，译. 北京：中国建筑工业出版社，1996.

[7] 塞布丽娜·维尔克. 景观手绘技法 [M]. 宋丹丹，张晨，等译. 沈阳：辽宁科学技术出版社，2014.

[8] 保罗·拉索. 图解思考——建筑表现技法 [M]. 邱贤丰，刘宇光，郭建青，译. 北京：中国建筑工业出版社，2002.

[9] 张钦楠. 建筑设计方法学 [M]. 北京：清华大学出版社，2007.

[10] 周忠凯，赵继龙. 建筑设计的分析与表达图式 [M]. 南京：江苏凤凰科学技术出版社，2018.

[11] 王伯敏. 中国画的构图 [M]. 天津：天津人民美术出版社，2019.

后　记

这本书从初稿，到今年在清华大学出版社出版，内容经过了较大的修改。因为社会不断发展，对于人才培养的需求也在不断地变化，本书基于新的设计专业人才培养需求，对教材进行了相应调整，同时源于近几年来我对手绘设计的更高理解和设计积累，所以对教材的内容进行了一定的完善和补充。

我在教学过程中最不愿意看到的，就是学生因缺少基本的技法而无法下笔或者不敢下笔，所以本书重点提供了一些快速、高效的手绘表现方法，希望可以帮助大家越过这个障碍，去找到合适的设计表现方式。

手绘设计表现是连接设计构想的纽带，是触及设计灵感的工具，想要使手绘和你的思想对接，那么你首先要认识你手里握的是什么工具，要利用它并掌握足够的表现技巧。通过手绘设计表现，不仅可以锻炼大家的观察力和表现力，还可以陶冶艺术情趣，从而激发出设计和创作的激情与灵感。

我在 2022 年立项了重庆市高等教育教学改革项目（一般项目）："基于虚拟仿真实验的大数据管理与艺术设计实践类课程教学研究"（项目编号：223304），本书是在数字化的大背景下，尝试将手绘设计表现实践课程与数字化技术相结合。

本书的写作过程异常艰难，现在终于完稿了，仿佛有千言万语，又好像不知从何说起，还是写些感谢的话吧！

首先感谢重庆三峡美术学院领导的支持和理解，让我能够集中精力进行本书的写作；接着感谢韩文芳老师对于本书细致而耐心的编辑和校对工作，从文字到图片，都付出了大量的心血；还要感谢我的同事和同学们的努力，没有他们的关心和帮助，也不会有本书现在的面貌。

本书肯定还有诸多不够完善的地方，所以请各位专家不吝赐教，本人将不胜感激。

郑　峰